전원주택 데크 만들기
# DECK

전원주택 데크 만들기
## DECK

3판 발행 | 2019년 03월 03일

저　자 | 권길상

발행인 | 이인구
편집인 | 손정미
사　진 | 인　산
디자인 | 나정숙

출　력 | (주)삼보프로세스
종　이 | 영은페이퍼(주)
인　쇄 | (주)영피앤피
제　본 | 신안제책사

펴낸곳 | 한문화사
주　소 | 경기도 고양시 일산서구 강선로 9, 1906-2502
전　화 | 070-8269-0860
팩　스 | 031-913-0867
전자우편 | hanok21@naver.com
등록번호 | 제410-2010-000002호

ISBN | 978-89-94997-32-2 13540
가격 | 29,000원

이 책은 한문화사가 저작권자와의 계약에 따라 발행한 것이므로
책의 내용을 이용하시려면 반드시 저자와 본사의 서면동의를 받아야 합니다.
잘못된 책은 구입처에서 바꾸어 드립니다.

전원주택 데크 만들기
# DECK

권길상 지음

한문화사

## 들어가는 말

'데크(DECK)'란 사전적으로 배의 갑판(甲板)을 뜻하며 배 위에 나무나 철판을 깔아 놓은 넓고 평평한 바닥을 말한다. 갑판은 배의 실내에서 외부공간으로 나온다는 의미가 포함되어 있는데, 베란다나 발코니, 테라스 등 외부공간의 바닥을 데크라고 한다.

현대건축에서 말하는 데크는 건축물의 일부분으로 집을 완성하고 그 주변이나 필요한 곳에 설치하여 집과 마당, 내부와 외부공간을 자연스럽게 하나로 연결하는 매개공간, 주택의 보조공간을 의미한다. 마치 자연의 심성을 닮은 우리 전통한옥의 마루나 툇마루, 쪽마루와 같은 기능으로 볼 수 있다. 이와 같은 데크는 비단 주택이란 주거공간에만 국한되지 않고, 상업시설이나 공공시설, 공공장소 등 다양한 건축물과 장소에 폭넓게 쓰이며 현대 건축문화에서 하나의 트렌드를 형성하고 있다. 건물 외부에 설치한 데크는 건물의 완성도와 의장적 가치를 높임은 물론, 내부에 인테리어로 쓰이거나 장식적인 효과를 내어 주변을 아름답게 꾸미는 등 갈수록 데크의 쓰임새와 기능은 점점 커지고 있다.

최근 들어 사람들은 삶의 질을 놓고 말할 때 흔히 웰빙(Well-being)이란 표현을 많이 한다. 이는 사람의 행복과 건강, 삶의 만족 등을 추구하는 포괄적인 의미로, 사람이 어떻게 살아가야 하는가에 대한 함축된 해답으로 볼 수 있다. 이렇듯 웰빙을 추구하는 사람들의 특징은 레저나 아웃도어 생활로 여가를 즐기며, 인위적이고 도시적인 틀에서 벗어나 자연 친화적인 생활양식과 삶을 추구한다. 공기 좋고 물 맑은 자연 속에 아담한 집에 짓고 정원과 텃밭을 아름답게 가꾸며 그 속에서 그들의 행복과 건강한 삶을 실천하며 살아간다.

이러한 삶을 추구하며 실천하는 사람들에게 데크란 더없이 좋은 공간으로 자신의 집에 데크를 만드는 일은 자연을 접하며 웰빙의 행복한 삶, 건강한 삶을 실천하기 위한 도장을 마련하는 셈이다. 자연 속에 집을 짓고 데크를 만들어 그 위에서 자연의 풍광과 아름다운 정원을 관조하며 독서나 명상에 잠겨보는 일, 또는 사랑하는 가족이나 친지, 친구들과 삼삼오오 테이블에 둘러앉아 담소를 나누며 여가를 함께 보내는 일은 상상만 해도 흐뭇하고 즐거운 일이다.

본서는 이런 전원생활을 꿈꾸며 새로운 집을 짓고, 스스로 데크 만들기에 도전해 보고자 노력하는 사람을 위한 실용서다. 데크에 대한 기초지식부터 데크가 어떻게 만들어지는지에 대한 시공방법과 과정이 상세하게 실려있어 초보 DIY 목수는 물론, 건축현장에서 일하는 전문 목수도 좀 더 용기와 자신감을 가지고 데크 만들기에 구체적으로 접근할 수 있게 하였다. 또한, 독특하고 다양한 디자인 사례 모음을 통해 데크 디자인을 위한 고민도 덜 수 있게 하였다.

본서가 자신의 집에 데크를 만들고 주변을 아름답게 가꾸기 위해 노력하는 분들에게 좋은 참고서가 되어 조금이나마 도움이 되는 계기가 되었으면 하는 바람이다.

2016년 정월
저자 권 길 상

# CONTENTS

들어가는 말 ········································ 004

## 데크 디자인, 공사를 위한 준비

### 1. 데크 디자인을 위한 준비
1) 데크와 데크 디자인의 이해 ················ 010
2) 어떤 용도로 사용할 것인가 ················ 011
3) 균형 잡힌 데크를 구상한다 ················ 014
4) 날씨와 계절을 고려한다 ···················· 014
5) 데크의 패턴, 유형, 모양과 형태 ············ 016
6) 데크의 디테일 ································ 022

### 2. 데크공사를 위한 준비
1) 데크의 구조와 명칭 ························· 029
2) 데크공사에 필요한 자재 ···················· 030
3) 데크의 자재와 비용산출 ···················· 032
4) 데크공사에 필요한 공구 ···················· 040

### 3. 소형주택 데크공사 ···························· 046

### 4. 테이블 만들기 ································ 056

### 5. 다양한 데크 모음
1) 상업공간 및 공공시설 데크 모음 ··········· 066
2) 전원주택 데크 모음 ························· 078

## 데크 만들기 시공과정
01. 횡성 삼배리주택 ····························· 088
02. 양평 봉상리주택 ····························· 108

## 전원주택 데크 사례

01. 여주 우만동 S씨댁 ·················· 136
02. 여주 우만동 K씨댁 ·················· 142
03. 여주 우만동 L씨댁 ·················· 150
04. 양평 석장리 P씨댁(14호) ············ 158
05. 양평 석장리 J씨댁(15호) ············ 164
06. 양평 석장리 S씨댁(19호) ············ 170
07. 양평 석장리 C씨댁(12호) ············ 178
08. 수원 이의동주택 ···················· 184
09. 양평 봉상리 K씨댁 ·················· 192
10. 양평 봉상리 M씨댁 ·················· 200
11. 고양 대자동주택 ···················· 208
12. 양평 용천리주택 ···················· 216

## 상업공간·공공시설 데크 사례

01. 김포 플로체 ························ 226
02. 양평 더그림 ························ 232
03. 양평 솔베르크 ······················ 240
04. 양주 헤세의 정원 ···················· 248
05. 한수종합조경 생태연못 ················ 256
06. 한수그린텍 조경 ···················· 264
07. 일산호수공원 애수교 ················· 272
08. 일산호수공원 생태공원 ················ 280
09. 선유도 환경물놀이터 ················· 288
10. 선유도공원 전망대 ··················· 296
11. 평화의 공원 ························ 304

# How to make DECK

# PART .1

## 데크 디자인, 공사를 위한 준비

1. 데크 디자인을 위한 준비　10p
2. 데크공사를 위한 준비　28p
3. 소형주택 데크공사　46p
4. 테이블 만들기　56p
5. 다양한 데크 모음　66p

# 1 데크 디자인, 공사를 위한 준비

## 1. 데크 디자인을 위한 준비

### 1) 데크와 데크 디자인의 이해

제품의 외관을 결정하고 그 제품의 최종가치를 좌우할 만큼 중요한 역할을 하는 것이 디자인이다. 데크도 마찬가지다. 건물 모양에 딱 맞춰 건물의 완성도와 가치를 높여주고, 개인의 취향도 살릴 수 있는 디자인을 구상한다는 것은 그리 쉬운 일은 아니다. 데크의 용도는 무엇이며 어디에 설치할 것인가, 평평한 레벨로 할 것인가 아니면 볼륨을 주어 모양을 다변화시킬 것인가 하는 등등의 문제를 놓고 미리 짚고 넘어가야 할 요소가 많다. 대부분 건축주는 집 짓는 초기 단계부터 데크를 설계에 포함한다. 그러나 데크 시공은 대부분 본채를 짓고 난 후 행해지는 작업으로, 사전 건축설계에 포함했다 하더라도 건축물을 마감한 후 건축비에 맞추거나 여러 가지 예기치 못한 사정으로 인하여 계획이 변경되는 경우가 허다하다. 그런데도 중요하게 다루는 이유는 데크가 그만큼 실생활에서 활용가치가 크다는 것이다.

데크는 주택공간의 확장성을 꾀하고 사교나 오락의 장으로 사용하기에 좋은 공간이다. 그러므로 그만큼 디자인과 설계 시 세세한 부분까지 미리 생각하고 설계에 반영해야 하는 중요한 공정 중 하나이다. 예를 들어, 데크 옆에 큰 창이 붙어있다면 사람들은 데크로 나가고 싶어하므로 동선의 패턴을 고려할 때 문은 슬라이딩 도어가 좋다. 만일 주방 근처와 거실 가까이에 데크로 나가는 문이 따로 있다면 파티를 하는 동안 동선이 서로 부딪치는 병목현상을 피할 수 있고, 데크에서 식사나 파티를 자주 할 생각이라면 주방과 가까운 쪽에 데크를 설치하면 좋을 것이다. 또한, 가족이 데크에 접근하는 시간을 체크하여 데크에서 보내는 시간과 빈도도 계산해 볼 필요가 있다. 데크의 좋은 설계와 디자인이란 이런 여러 가지 요소들이 잘 반영되고 데크 형태나 크기가 집과 조화를 이룰 뿐만 아니라, 여름에는 시원하고 겨울에는 따뜻하면서 전망 좋은 공간이 되도록 하는 것이다.

데크는 주방의 리모델링처럼 정해진 시간에 완료하지 않아도 된다. 기본적인 목수기술이 있고 시간적인 여유가 있다면 일 년 내내 부분적으로 나누어서 완성해도 되고 주된 일을 하면서 취미로 시작해도 된다. 디자인과 재료, 재질 등은 만들어 가면서 선택할 수도 있다. 용기를 내어 스스로 데크를 디자인하고 만들어볼 생각이라면 마음의 여유를 갖고 본서에 수록된 데크 디자인에 필요한 기본적인 지식과 시공 방법에 대해 차근차근 살펴보기로 하자.

**01_ 횡성 삼배리주택.** 천연 방부목재인 이페를 상판재로 사용한 튼실한 난간의 구성이다.
**02_ 양평 봉상리주택.** 상판재로 사용한 합성목재는 재활용이 가능한 친환경 제품인 데다가 뛰어난 내구성을 가지고 있고 변형이나 변색이 없는 반영구적 자재이다.
**03_ 여주 우만동주택.** 내구성이 강하고 관리가 편한 현무암 석재데크에 철제난간을 설치하였다.
**04_ 양평 용천리주택.** 둥근형 데크에 핸드메이드 난간을 만들어 완성도를 높였다.

## 2) 어떤 용도로 사용할 것인가

이상적인 데크에 대한 생각은 사용할 구성원 모두 각기 다를 수 있다. 그러므로 모두에게 유익한 디자인을 위해서는 충분히 의견을 모으고 여러 가지 항목들을 검토할 필요가 있다.

**(1) 사교와 바비큐 :** 요리할 장소는 주방과 가까우면 좋다. 피크닉테이블은 6~10인용을 마련하면 좋겠지만, 테이블이 너무 크면 이동하기 불편하므로 4인용 2개를 마련하는 것도 하나의 방법이다. 바비큐 파티를 종종 할 생각이라면 간이싱크대나 가까이에 수돗가를 설치하면 이용하기에 편리하다.

**01_ 양평 더그림.** 주택 후면에 식당으로 이어지는 넓은 데크를 만들고 조리대와 개수대를 설치해 즉석요리도 즐길 수 있게 하였다.

**(2) 라운지** : 소나무나 느티나무를 심어 흔들의자나 해먹을 설치하고 낮잠을 즐겨볼 요량이라면 정원에서 약간 그늘진 장소가 최적의 자리가 될 수 있다.

**(3) 프라이버시와 개방감** : 아늑함과 확 트인 개방감은 서로 양립할 수 없는 개념이다. 외부에 열려 있고 통풍이 잘되는 공간을 연출해야 할지, 좁지만 아늑한 데크를 만들어야 할지가 고민이다. 일반적으로 아늑함은 협소한 공간에서 느끼기 마련이고, 벤치의 등받이가 없거나 낮고 넓은 데크는 개방감을 느끼게 한다. 데크는 보통 지면 위에 올라와 있는데 그만큼 이웃이나 지나가는 사람들에게 노출되기 쉽다. 그렇다고 울타리를 높게 치자니 개방감이 사라지게 될 것이고 결국 선택의 문제에 부딪히게 된다. 이 문제의 해결할 방법은 데크 높이를 낮추거나 나뭇잎이 무성한 키 큰 나무를 조화롭게 심어 해결할 수 있는데, 이는 조경의 본질에 접근해야 풀리는 문제이기도 하다.

**(4) 전망** : 데크는 좋은 전망을 확보하기 위한 시설물이니 만큼 정원의 형태를 보기 좋게 함은 물론, 눈으로 내려다볼 수 있는 전망 또한 가능한 가장 좋은 곳이라야 한다.

**(5) 어린이용 놀이 공간** : 데크는 어린이들의 놀이 공간으로도 매력적인 장소이다. 데크에 딸린 모래밭이나 미끄럼틀을 만들고 어린이들이 노는 것을 지켜보며 쉴 수 있는 안락의자도 하나 준비하면 더 좋을 것이다.

02_ 용인 추계리주택. 물줄기가 흐르는 우거진 나무 밑에 흔들의자와 널찍한 평상을 놓아 여름날 낮잠을 즐기기에 안성맞춤이다.
03_ 여주 우만동주택. 화살나무를 경계로 삼은 아늑한 석재데크이다.
04_ 홍천 소노펠리체 컨트리클럽. 웅장한 산과 골프장이 한눈에 펼쳐지는 곳에 있는 평난간의 데크이다.
05_ 양평 석장리주택. 데크 한쪽에 모래밭을 만들고 물놀이 기구와 장난감들을 놓아 놀이 공간을 만들었다.

**홍천 소노펠리체 컨트리클럽.** 나무데크와 석재데크로 이루어진 수영장으로 구성이 돋보인다.

**(6) 외부조명 및 콘센트 :** 늦은 시간 바비큐 파티를 하면 어두워져 대화하는 상대방의 얼굴조차 보이지 않는다. 파티가 끝나고 청소를 하거나 마당의 잔디를 깍고 간단한 목공 DIY를 위해서도 외부에 밝은 조명과 전기는 꼭 필요하다. 콘센트는 방수용을 설치하면 좋다.

**(7) 수영장 :** 우리나라는 수질오염이나 물 부족현상 때문에 일반가정에 수영장 설치를 금지하고 있다. 그렇다고 불가능한 것은 아니다. 데크에 홈을 만들어 놀이용(이동식) 풀장을 만들어 사용할 수 있다. 여름철에는 어린아이들에게 최고의 인기장소가 될 것이다.

**남양주 수산리주택.** 이동식수영장 주위에 나무데크를 설치하고 노출된 부분을 래티스로 마감하였다.

**(8) 텃밭 :** 데크 근처에 무성한 숲을 조성하는 것은 어려운 일이다. 건물과 데크에 어울리게 햇빛이 잘 드는 곳에 식물들과 토마토, 깻잎, 상추, 고추 등 채소와 허브 식물들을 심어놓으면 좋은 하모니를 이룰 수 있을 것이다.

### 3) 균형 잡힌 데크를 구상한다

종이 위에 데크를 스케치하다 보면 실생활에 필요한 치수보다 더 크게 그리는 경향이 있다. 이러한 오차를 줄이기 위해서는 현장 건물을 중심으로 실제 자로 재가면서 디자인을 계획할 필요가 있다. 새로운 데크 위에서 하고 싶은 것이 무엇인지를 먼저 상상해 보자. 그리고 명확한 질문을 던져 보자. 어디에 식재할 여유 공간을 만들 것인지, 15명 정도의 친구들이 한꺼번에 뷔페로 식사하게 된다면 테이블은 놓을 수 있는지, 테이블이나 의자를 옮겨서 사람들이 자유롭게 앉을 수 있는지, 해먹을 걸 수 있는지, 바비큐그릴은 어디에 놓아야 할지, T자와 L자형의 데크가 가능할지 등등, 이러한 방법으로 구체적인 아이디어를 가지고 자신이 사용할 데크의 형태와 크기를 정한다. 만약 데크가 좁다고 느낀다면 장선의 길이를 10피트에서 12피트로 변경하면 된다. 재료비는 비례해서 증가하겠지만, 노무비는 비례해서 증가하지 않으므로 데크의 유용성을 높일 수 있다. 만약 데크 놓을 충분한 공간과 비용이 있다면 대형 데크를 설계해 봄 직하다. 그러나 한 가지 염두에 둘 점은 대형 데크는 건축물이 크면 아주 잘 어울릴 수 있으나 조그마한 주택이라면 때로는 주택이 데크에 묻혀버릴 수도 있다. 따라서 데크의 형태와 크기는 집의 규모에 맞추어서 균형 있게 설계하는 것이 중요하다.

**양평 봉상리주택.** 90평(297.26㎡) 규모의 큰 건물에 158㎡(48평) 규모로 건물을 둘러싼 형태의 둘레형(랩어라운드형) 데크를 설치하였다.

**양평 솔베르크.** 짜맞춤식 수제난간으로 만든 데크로 4,959㎡(1,500평)의 대지에 254㎡(77평) 규모의 대형 데크를 설치하였다.

### 4) 날씨와 계절을 고려한다

날씨와 계절이 데크 사용에 어떤 영향을 미치는지 알아보고 그에 따른 계획을 세운다. 우리가 늘 관심 있는 태양과 바람, 비에 대해 살펴보자.

**(1) 햇빛 :** 데크를 사용하는 시간에 얼마나 많은 양의 햇빛과 그림자가 필요한지를 고려해야 한다. 태양이 지표면과 이루는 각도를 고도라고 하고, 태양이 정남쪽에 왔을 때 고도가 가장 높으며 이때를 '남중고도'라고 한다. 우리나라의 남중고도는 여름 하지에 76° 정도가 되지만, 겨울 동지에는 29°로 낮아진다. 여름은 넘치고 겨울은

**양평 더그림.** 데크를 남서향에 설치하면 오후 늦게까지 햇빛이 비치는 이점이 있다.

모자라는 햇빛의 양을 극복하기 위하여 데크의 위치와 조경수, 시설물 등을 적절히 이용해 조절해야 한다. 남향의 데크는 여름에는 직접 햇볕이 내리쬐고 겨울에는 고도가 기운 만큼 햇빛의 양이 줄어든다. 한여름에 고도가 높아 햇빛을 가리지 못하던 울타리나 나무들도 고도가 낮을 때는 햇빛을 막는다. 해먹을 설치하여 휴식을 취하고 싶고 식사할 장소를 위해서는 그늘을 만들 필요가 있다. 이런 필요성에 따라 관목을 심고 잎이 무성한 활엽수를 심어 가며 변화에 대응해야 한다. 데크가 집의 북쪽에 놓인다면 온종일 그림자만 비칠 것이다. 몹시 더운 지방에 사는 사람들에게는 유리하나 대부분 사람에게는 불리하다. 동쪽에 두는 것은 아침에는 햇빛, 오후에는 그늘을 제공해서 따뜻한 기후에서는 제일 나은 선택이 될 수 있다. 봄과 가을의 쌀쌀한 날씨에 따뜻한 데크를 원한다면 남서향에 데크를 설치해 보자, 오후 늦게까지 햇빛이 비칠 것이다.

**(2) 바람 :** 더위를 극복하고 시원한 바람을 극대화하고 싶다면 관목을 제거하거나 큰 나무의 가지를 쳐주는 것이 좋다. 더 많은 바람을 원하면 식수계획을 새로 세워야 한다. 지면 높게 설치한 데크는 지면 가까운 데크보다 바람의 영향이 더욱 크다. 극단적인 조건 때문에 방풍장치가 필요할 경우도 있다. 루버나 래티스로 펜스를 설치하고 그곳에 담쟁이덩굴을 키운다면 이 또한 매력적인 방풍장치가 될 수 있을 것이다.

**강남 남부순환로.** 루버나 래티스로 펜스를 설치하고 담쟁이덩굴을 키우면 싱그럽고 멋스러운 방풍장치가 된다.

**(3) 비 :** 데크에서 즐기며 보내기에 좋은 때를 생각하라면 대부분 햇빛이 나는 청명한 날을 떠올리지만, 긴 장마 동안에는 데크를 제대로 사용하지 못하는 때가 많다. 그러나 데크 위에 지붕이 있다면 비가 온다한들 걱정이 없다. 오히려 문을 열어 놓고 데크에 앉아 빗소리와 처마에서 떨어지는 낙수 소리를 즐길 수 있다.

**01_ 수원 이의동주택.** 처마 아래에 폴리카보네이트 차양으로 눈썹지붕을 덧대고 그 아래에 나무데크를 깔았다.
**02, 03_ 함양 지곡면주택.** 데크 위로 설치한 폴리카보네이트는 유리와 같이 투명하면서도 성질이 유연하고 가공성이 우수하여 차양으로 활용도가 높다.

## 5) 데크의 패턴, 유형, 모양과 형태

데크는 어떤 형태이든 먼저 집의 모양을 고려하고 건축주의 개성과 취향에 맞추어 설계하는 것이 좋다. 그러므로 일단 자신의 머릿속에 있는 데크의 형태와 디자인을 그려보고 마음에 드는 것을 선택한 다음 완전한 도면을 그리는 것이 중요하다. 데크를 구성하는 재료, 크기, 모양 등을 종합적으로 판단하여 데크의 형태와 유형을 결정한다.

## (1) 데크의 패턴

데크 형태는 목재 가공의 특성상 직사각형이 주류를 이룬다. 때에 따라서는 인건비와 자재비 상승을 감수하더라도 완성도 높은 디자인을 위해 삼각형이나 오각·육각·팔각형 등의 다양한 패턴으로 시공하기도 한다.

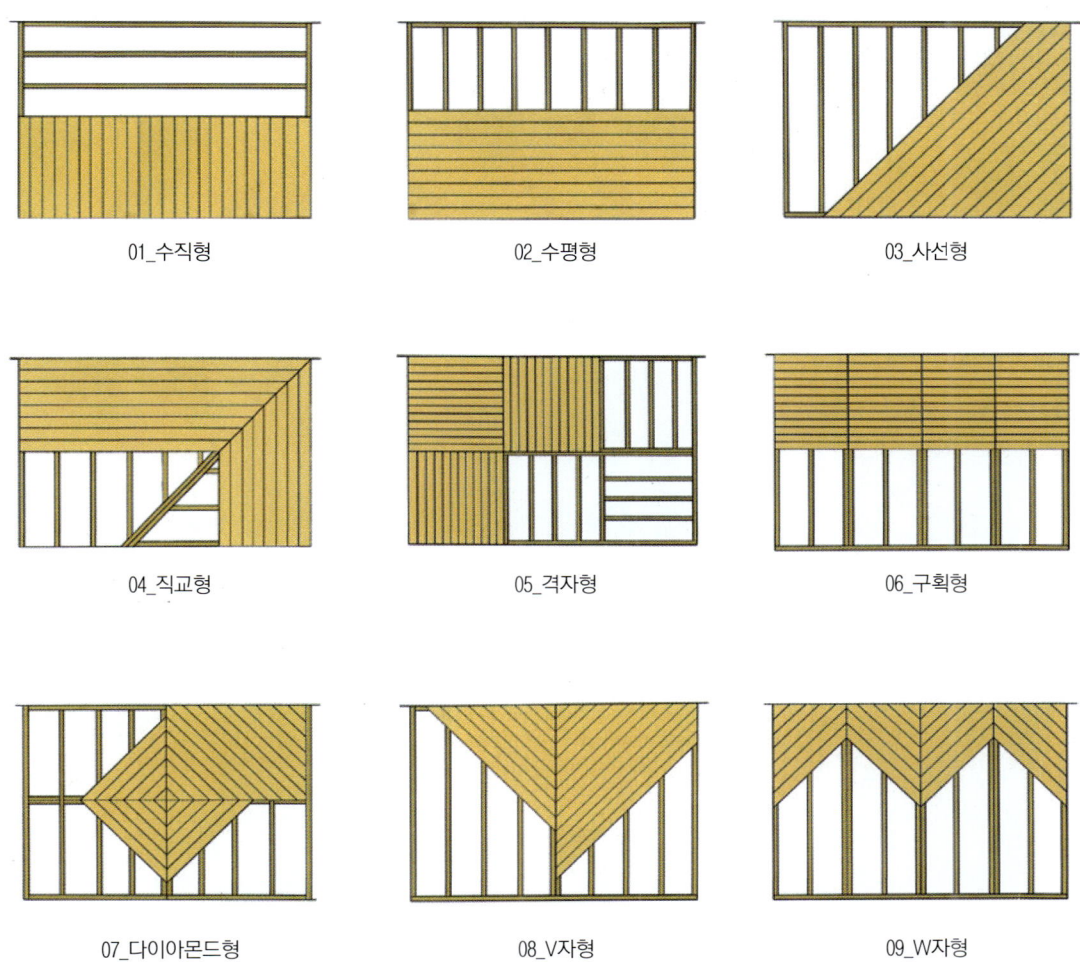

01_ 수직형
02_ 수평형
03_ 사선형
04_ 직교형
05_ 격자형
06_ 구획형
07_ 다이아몬드형
08_ V자형
09_ W자형

- **01_ 수직형** : 건물과 90° 각도를 이룬다.
- **02_ 수평형** : 건물과 수평을 이루며 평행하다.
- **03_ 사선형** : 건물과 45° 대각선을 이룬다.
- **04_ 직교형** : 가로, 세로 90°로 직각을 이룬다.
- **05_ 격자형** : 바구니 짜기 모양으로 가로·세로 직각으로 격자무늬를 이룬다.
- **06_ 구획형** : 공간을 작게 나누고 공간마다 수평을 이룬다.
- **07_ 다이아몬드형** : 쪽매(나뭇조각)붙임 세공으로 다이아몬드 무늬를 이룬다.
- **08_ V자형** : 45° 사선형을 좌우로 맞대어 대각선을 이룬다.
- **09_ W자형** : 반복된 V자형으로 삼나무잎 모양을 이룬다.

## (2) 데크의 유형

주택의 외관을 돋보이게 하는 데 큰 몫을 하는 데크는 실용성은 물론 디자인적인 요소까지 더하여 개성 있으면서 주택과 잘 어울리게 시공해야 한다. 다음의 데크 유형은 비교적 간단한 형태로 설치하는 위치와 사용하는 목적에 따라 일반적인 유형만을 소개한다.

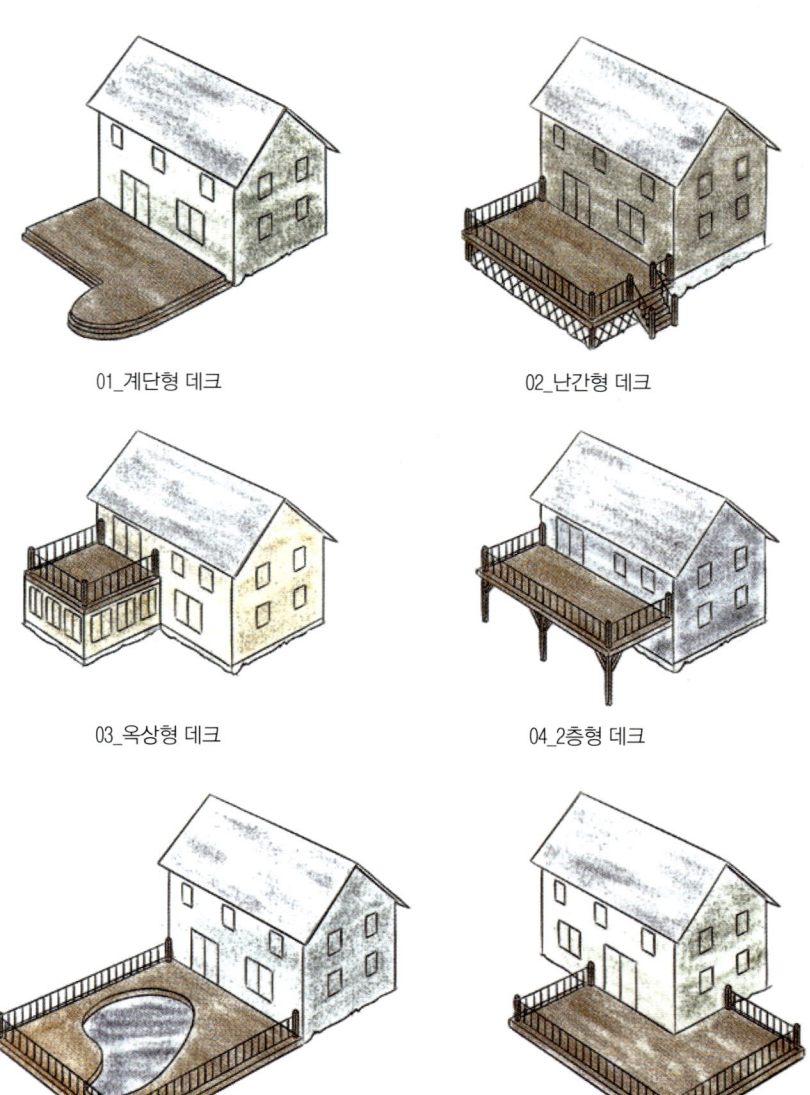

01_계단형 데크

02_난간형 데크

03_옥상형 데크

04_2층형 데크

05_수영장 데크

06_모서리형 데크

**01_ 계단형 데크** : 지반 위에 바로 설치하고 낮은 계단을 두어 접근하는 형태의 데크이다. 난간대가 필요 없이 원하는 형태로 만들 수 있는 이점이 있다.

**02_ 난간형 데크** : 지반으로부터 서너 계단 올라가게 만든 형태로 안전을 위해 난간과 난간대가 필요하다.

**03_ 옥상형 데크** : 지붕 위의 평평한 곳에 설치하는 데크로 지붕의 방수를 고려해 주의 깊게 설치해야 한다.

**04_2층형 데크** : 지반으로부터 1층 위에 설치하고 뒤뜰로 연결되는 계단을 놓을 수도 있다.

**05_수영장 데크** : 지상 위나 지반 밑에 설치한 수영장 주변에 설치하는 형태이다.

**06_ 모서리형 데크** : 주택의 한 모서리를 둘러싸는 형태의 데크이다.

01_ 가평 행현리주택. 계단형 데크
02_ 강남 현대백화점 무역센터점. 평면형 데크
03_ 고양 대자동주택. 난간형 데크
04_ 대전 지족동주택. 2층형 데크

Part 1 | 데크 디자인, 공사를 위한 준비  **019**

### (3) 데크의 모양과 형태

데크나 파티오를 건물 본채에 붙여 설치할 때는 건물의 내부구조에 따라 상호 보완적인 디자인이 필요하다. 일조량이나 다른 집의 모양, 다른 부지의 특성, 주변 경관에 따라서도 데크나 파티오의 디자인 형태와 모양이 달라질 수 있다.

#### 가. 본채와 연결한 모양에 따른 분류

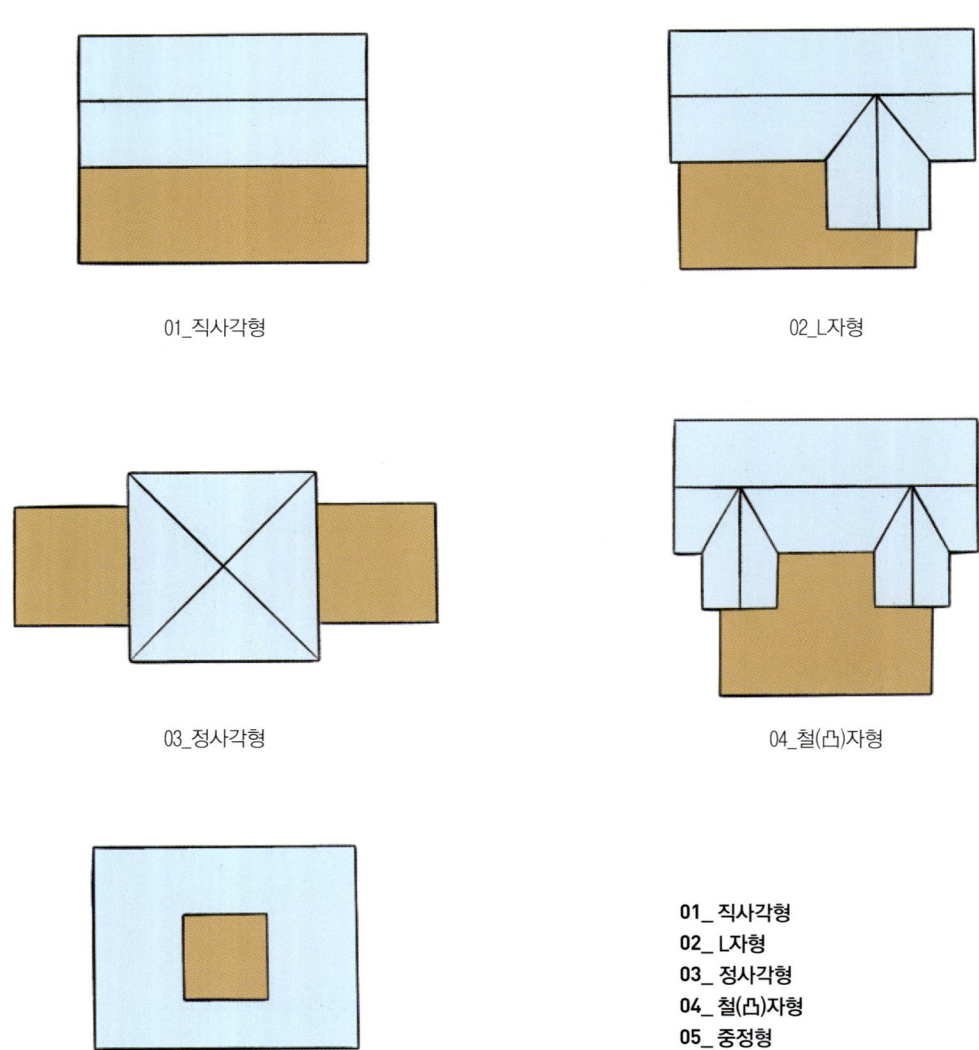

01_ 직사각형
02_ L자형
03_ 정사각형
04_ 철(凸)자형
05_ 중정형

## 나. 본채와 연결한 형태에 따른 분류

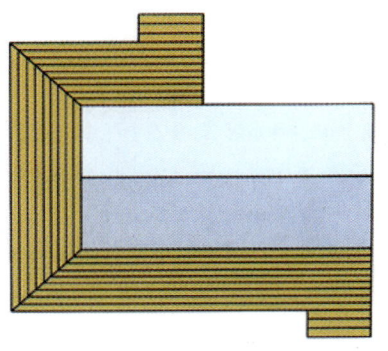
01_둘레형(랩어라운드형)

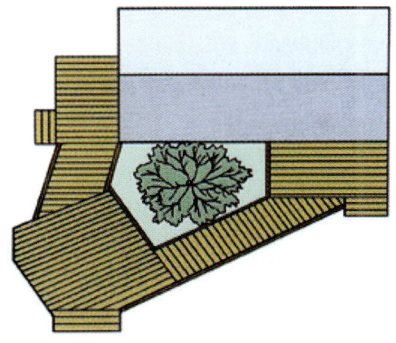
02_예각형

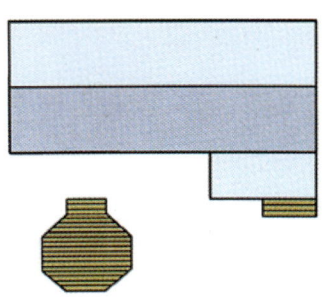
03_아일랜드형

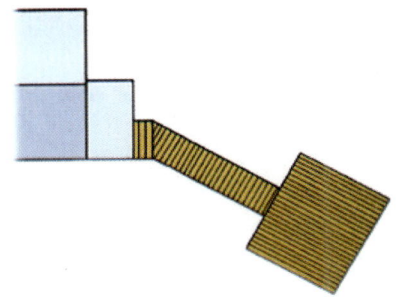
04_반도형

**01_ 둘레형(랩어라운드형)** : 햇볕을 따라 혹은 건물 모양을 따라 건물을 둘러싼 형태의 데크이다.
**02_ 예각형** : 두 개의 다른 문을 통해 데크로 진입이 가능한 예각을 이룬 형태이다.
**03_ 아일랜드형** : 본채에서 분리되어 독립성을 확보한 별채의 성격을 띤 형태로 주변에 나무나 야생화로 조원하여 개성 있는 공간을 연출할 수 있다.
**04_ 반도형** : 멀리 떨어진 외부에서 본채로 걸어서 들어가는 형태로 진입 과정에서 새로운 느낌을 받을 수 있는 데크이다.

## 6) 데크의 디테일

데크는 대부분 건물 외부에 부착된 목재형 플랫폼으로 정원에서 올라가 집으로 들어가는 공간에 설치하여 주택 공간의 확장으로 이어진다. 이와 같은 데크를 사용하는데 불편함이 없도록 디자인하기 위해서는 미리 꼼꼼하게 짚고 넘어가야 할 사항이 많다. 예를 들어, 데크에 가구를 배치할 요량이라면 가구별로 어느 정도의 공간적 여유가 필요한지, 난간과 디딤판의 규격은 어떤 크기로 해야 맞는지 또는 난간과 래티스의 디자인은 어느 것이 좋은지, 파티오 구조가 어떠한지 등등 사전에 고려해야 할 것들이 많은 데, 그중 몇몇 가지 비중 있는 사항에 대하여 알아보기로 하자.

**보은 강신리주택.** 건물 1층 외부에 붙어 있는 계단형 데크로 내부공간이 외부로 확장된 효과가 있다.

### (1) 가구배치를 위한 공간

디자인 구상, 스케치, 제작도면, 재단도면을 거쳐 제작한 가구는 기본적으로 목적과 용도에 맞고, 사용하기 편리한 기능성을 갖춰야 한다. 데크에 배치할 가구도 실내에 있는 것처럼 인체공학이나 통계학을 고려하여 사람이 편안하게 사용할 수 있는 것이라야 좋다. 미리 계획하여 배치할 위치나 공간을 충분히 마련하여 안락하고 편리하게 사용할 수 있도록 하자.

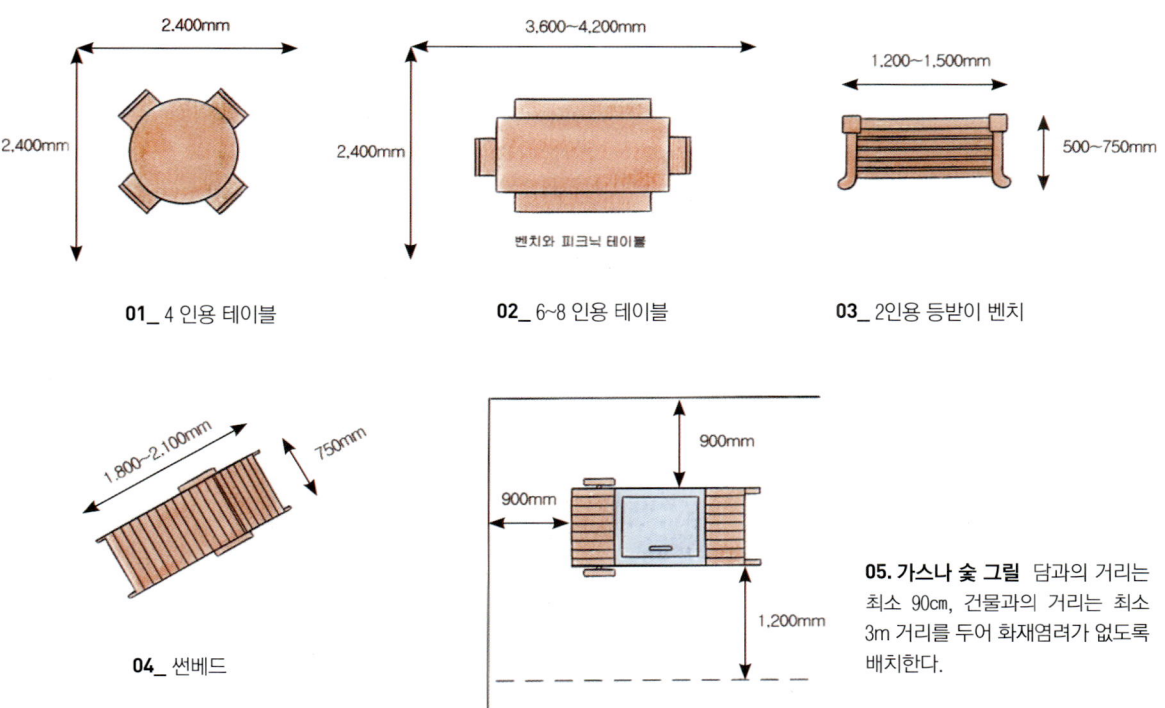

01_ 4인용 테이블

02_ 6~8인용 테이블 (벤치와 피크닉 테이블)

03_ 2인용 등받이 벤치

04_ 썬베드

**05. 가스나 숯 그릴** 담과의 거리는 최소 90cm, 건물과의 거리는 최소 3m 거리를 두어 화재염려가 없도록 배치한다.

**양주 헤세의 정원.** 2층 사무실 테라스에서 내려다본 잘 정돈된 데크의 모습.

## (2) 계단 상세도

### 가. 난간 상세도

미국과 캐나다에 시공되는 데크의 최소 높이와 간격에 대한 법적 규정에서 난간 높이는 최소 90㎝ 이상이어야 하고, 난간 사이의 간격은 10㎝를 초과해서는 안된다고 한다. 어린아이들이 난간 사이로 빠지지 않게 안전상 원칙을 만들어 놓은 것이다. 본서에 나온 시공현장에서는 소동자의 기준선 간격을 최대 14~18㎝를 유지하고 있다.

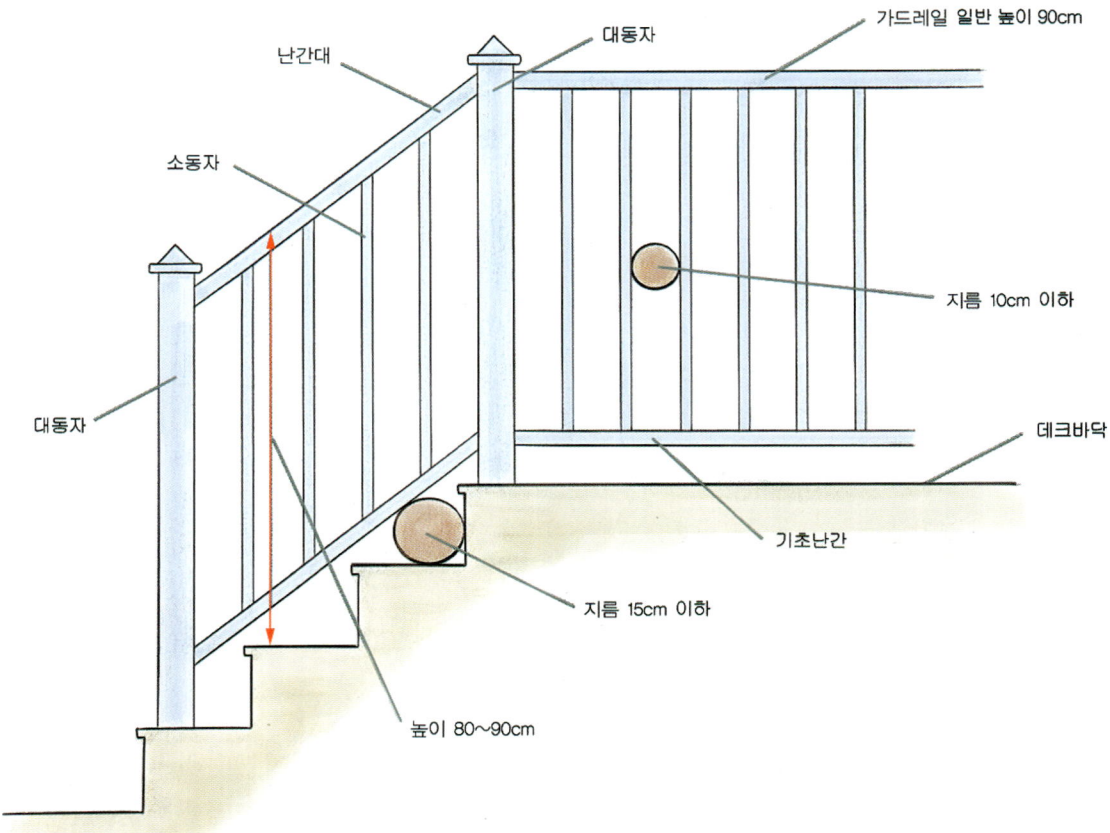

난간 상세도

## 나. 디딤판과 높이의 비율

디딤판의 기본 단위는 27.5cm로 한다. 그림 A는 계단의 전체 높이를 100cm로 하고 디딤판을 5개 놓아 폭을 137.5cm로 하면 자연스럽게 계단 높이는 16.7cm가 된다. B는 계단의 전체 높이를 100cm로 하고 디딤판을 4개 놓아 폭을 110cm로 하면 계단 높이는 20cm가 된다. A와 B를 비교하면 A는 경사도가 완만하여 노인이나 어린이 등 노약자에게 좋고, B는 좁은 공간에 어울리는 비율로 현장에 맞게 A와 B를 절충하여 설치할 수 있다.

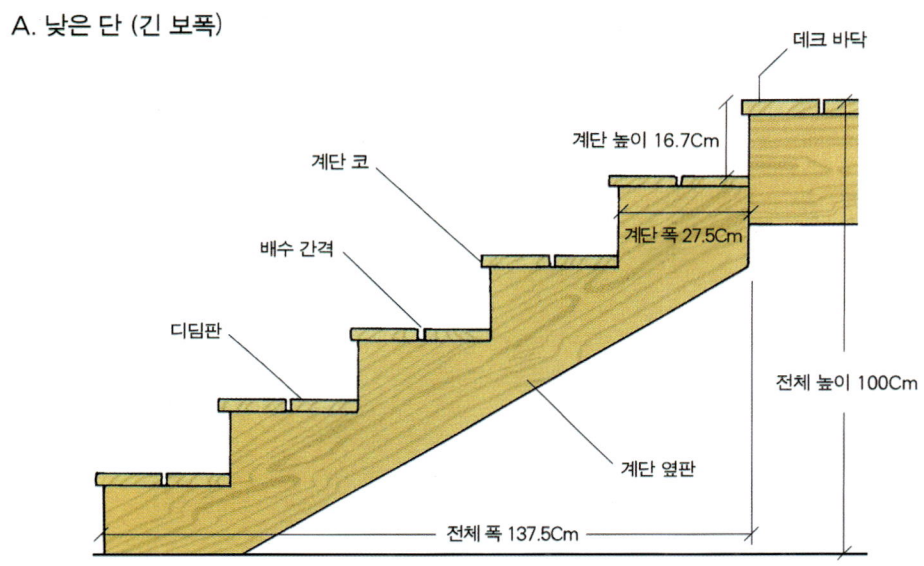

A. 낮은 단 (긴 보폭)

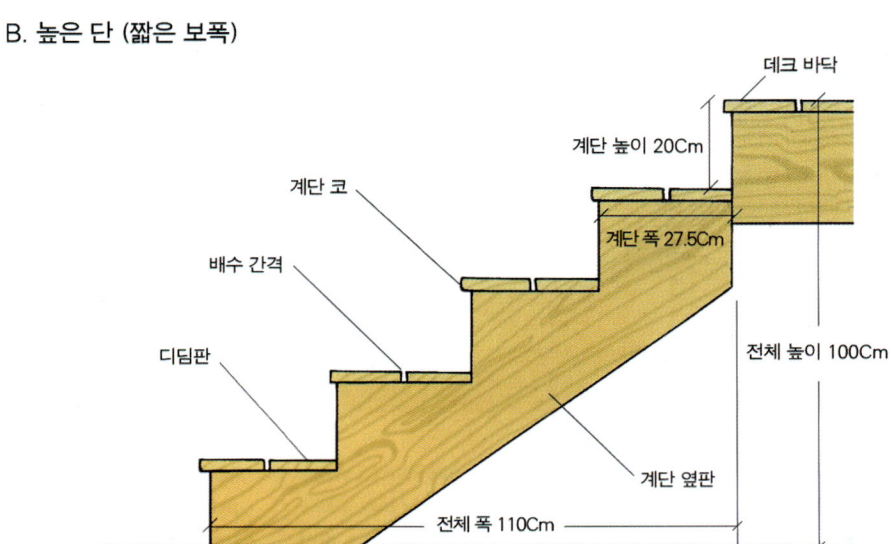

B. 높은 단 (짧은 보폭)

## (3) 난간 디자인

다양한 디자인의 난간들은 데크에 저마다의 독특함을 더해 준다. 난간 기둥(대동자)과 기둥 사이의 공간에 수직이나 수평 또는 대각선 형태로 소동자를 대어 여러 가지 디자인을 할 수 있다. 소동자의 넓이는 3.75cm×3.75cm(1.5×1.5인치)로 하여 한 줄로 설치하고 기둥을 돌려가며 좀 더 화려하게 설치하거나 측면을 널빤지로 장식하여 설치하기도 한다. 난간은 난간 기둥과 기둥 사이에 시공함으로써 데크틀을 좀 더 안전하고 견고하게 지탱할 수 있게 한다. 난간 기둥과 기둥 사이는 보통 2.4m가 넘지 않아야 견고하고 보기에도 좋다.

## (4) 래티스(Lattice) 디자인

데크 하부를 래티스(Lattice)로 깔끔하게 가려줌으로써 야생동물들의 침입으로부터 데크를 보호하고, 데크 위에서 나는 소리의 울림을 래티스를 통해 지반으로 전달하여 소음을 줄이는 효과를 볼 수 있다.

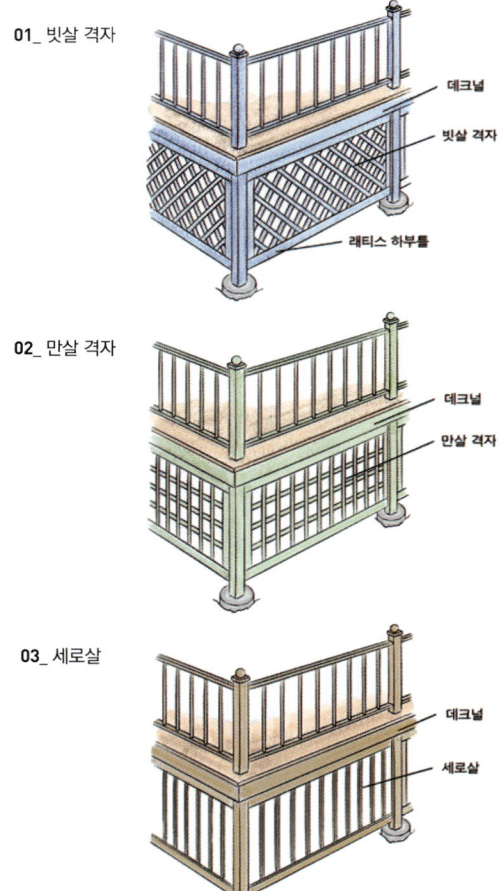

01_ 빗살 격자
02_ 만살 격자
03_ 세로살

**양평 솔베르크.** 미관을 해치는 데크 밑의 구조물을 래티스로 가리고 원형으로 절단하여 모양을 냈다.

## (5) 파티오 구조

파티오의 마감재로는 벽돌, 판석, 콘크리트, 나무 등 다양한 소재가 쓰인다. 기본적인 형태로는 땅 위에 10~15㎝의 자갈을 깔고 그 위에 10~15㎝의 콘크리트 슬래브를 친 후 모르타르와 함께 판석을 까는 형태와 땅 위에 10~15㎝의 자갈을 깔고 그 위에 10~15㎝의 다진 모래 위에 결합 모래와 같이 블록을 놓는 형태가 있다. 다음 측면도에서 이 두 가지의 차이점을 살펴 보자.

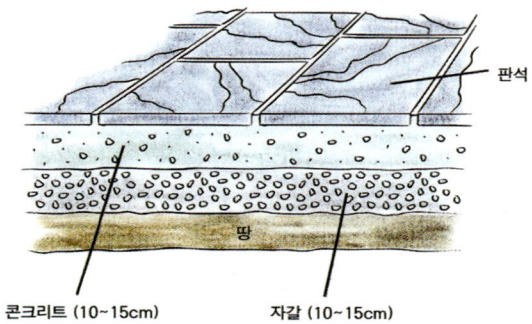

**01_ 판석 파티오 단면도**

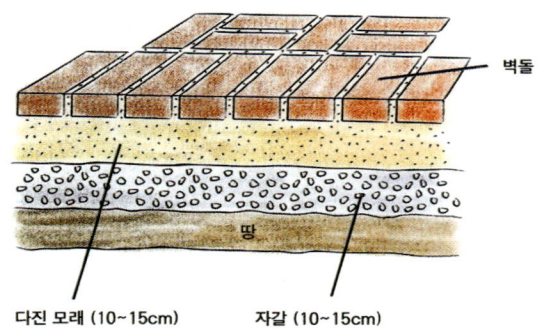

**02_ 벽돌 파티오 단면도**

**수원 이의동주택.** 현관에서 바라다본 잘 꾸며진 파티오로 비정형 현무암 석재로 마감하였다.

## 2. 데크공사를 위한 준비

먼저 데크의 구조와 명칭에 대해 살펴보고 데크공사 전 준비사항으로 어떤 공구와 자재가 필요한지, 도면을 통한 자재산출 및 비용계산은 어떻게 하는지 알아 보자. 여기서는 횡성 삼배리주택 사례를 중심으로 실제 자재 물량을 산출하고 단가를 대입하여 비용을 산출하였다.

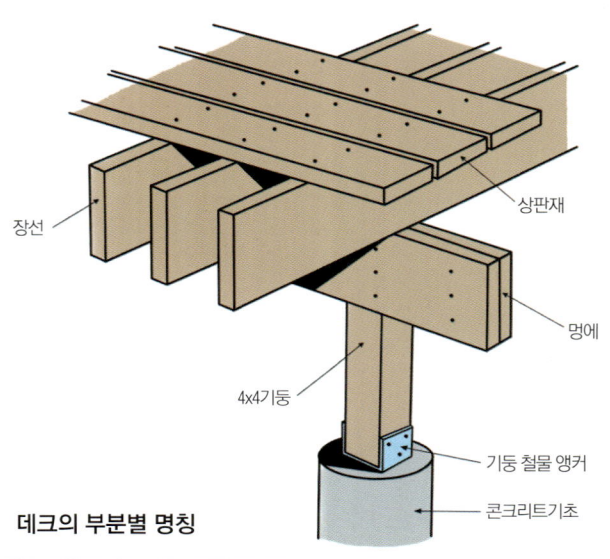

데크의 부분별 명칭

계단의 구조와 명칭

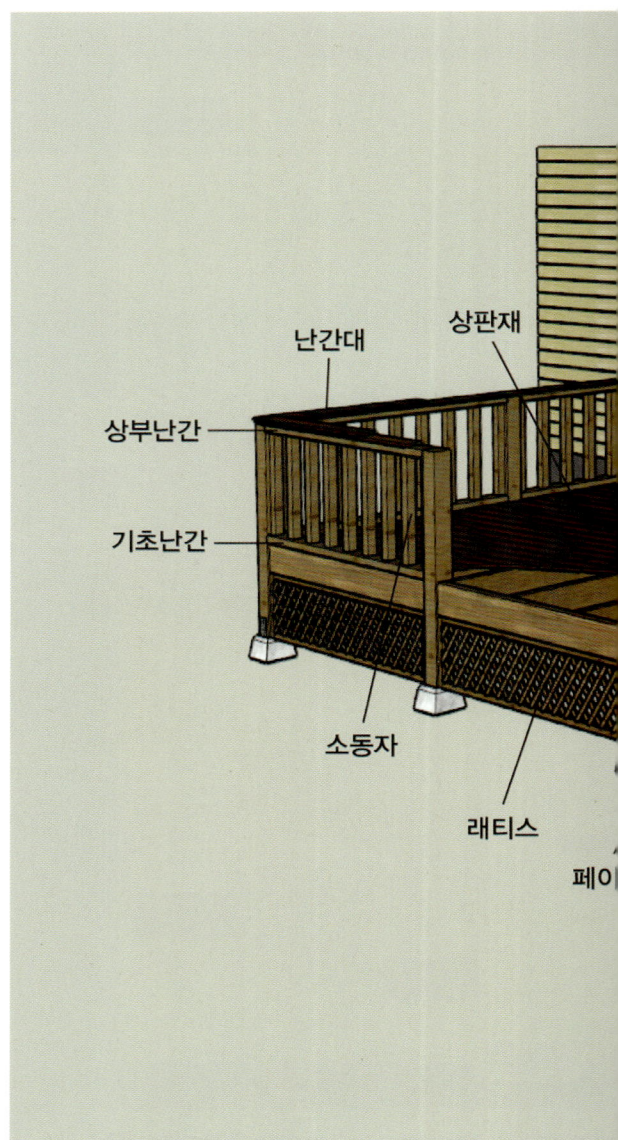

## 1) 데크의 구조와 명칭

데크는 직접 사람의 발이 닿는 상판재(Decking)와 그 밑에 장선(Joist), 장선을 받치는 멍에(Beam-Joist), 그리고 이 모든 것을 받혀주는 기둥에 의해 하중이 기초로 전달된다. 건물에 부착된 상판재는 건물 내부의 바닥 높이보다 최소한 2.5㎝ 아래에 위치하여야 하고, 기초는 땅을 다진 후 미리 제작한 주춧돌을 이용하기도 하고 현장에서 타설하는 콘크리트기초인 경우는 동결선에서 15㎝를 더 깊이 파서 기초를 고정하기도 한다.

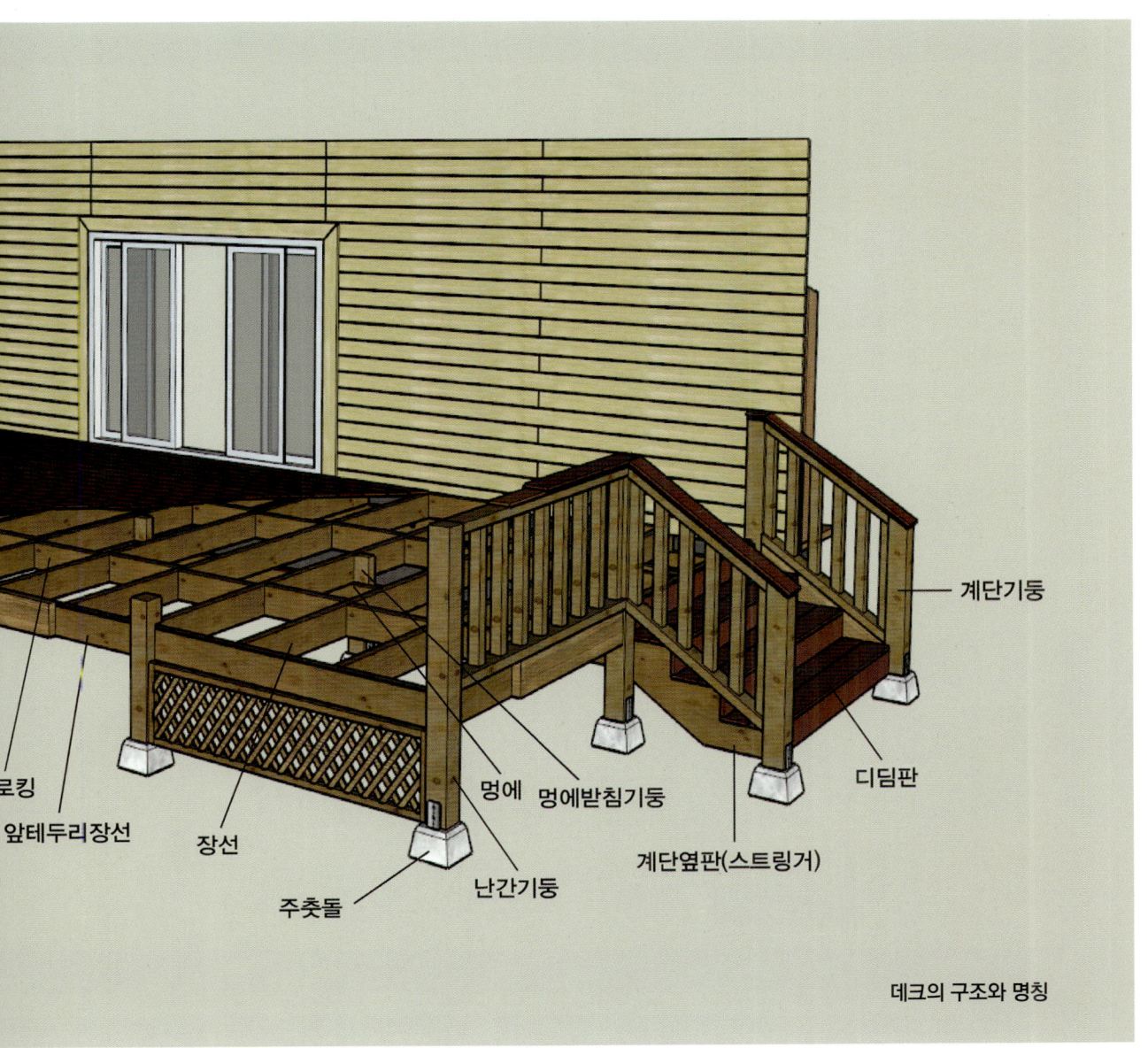

데크의 구조와 명칭

## 2) 데크공사에 필요한 자재

**가) 구조별 자재 (규격은 두께×폭×길이)**

**(1) 상판**
- 레드파인 : 15,21×90×3600mm / 21,27×120,140×3600mm
- 천연방부목 :
  낙엽송_ 21×95,120×4000mm
  방킬라이_ 19,24×120,140,145×3600mm
  이페_ 19×90,120×3600mm

**(2) 장선** : 38×140×3600,4200,4800mm

**(3) 앞테두리장선** : 38×140×3600,4200,4800mm

**(4) 뒤테두리장선(장선 고정 블록킹)** : 38×140×3600,4200,4800mm

**(5) 멍에(중간 멍에, 콘크리트 앵커볼트 고정용 멍에)** : 38×140×3600,4200,4800mm

**(6) 멍에받침기둥** : 90×90×3600mm

**(7) 난간기둥** : 90×90×3600mm, 140×140×3600mm, 120×120×3600mm

**(8) 동자기둥** : 38×38×3600mm

**(9) 기초난간** : 38×90×3600,4200,4800mm

**(10) 상부난간** : 38×90×3600,4200,4800mm

**(11) 난간대(핸드레일, 손스침)** : 38×140×3600,4200,4800mm

**(12) 페이샤** : 38×185×3600mm

**(13) 계단기둥** : 90×90×3600mm, 120×120×3600mm, 140×140×3600mm

**(14) 디딤판** : 38×140×3600,4200,4800mm 38×285×4200mm

**(15) 디딤판 받침판(라이즈, 케코미)** : 38×140×3600,4200,4800mm

**(16) 계단옆판(스트링거)** : 38×240,285×4200mm

**(17) 블로킹** : 38×140×3600,4200,4800mm

**(18) 래티스(규격은 두께×세로×가로)** :
- 방부 래티스_ 16t×1220×2440mm
- PVC 래티스_ 1220×2440mm
  (색상별, 대골, 소공용 구분)

* 참고사항_ 나무좋아요 www.woodnice.com 에서 인용

**나) 부속 자재와 철물**

**(1) 주춧돌** : 4×4용

**(2) 세트앵커볼트(1/2″용)** : 150mm

**(3) 아연피스(구조용)** : 10×90mm

**(4) 아연피스(상판용)** : 6×50mm

**멍에받침기둥.** 장선과 멍에를 동시에 받치고 있는 동바리기둥이다.

**주춧돌.** 목조주택 자재점에서 판매하는 4×4용 사다리형 초석.

**횡성 삼배리주택.** 천연방부목인 이페로 시공한 상판재의 모습.

**양평 봉상리주택.** 데크 밑에서 빗살 격자 래티스틀을 통해 밖을 내다본 모습.

Part 1 | 데크 디자인, 공사를 위한 준비

### 3) 데크의 자재와 비용산출

**가) 데크의 자재산출**

횡성 삼배리주택 사례의 데크를 중심으로 자재산출 시 고려해야 할 점과 요령에 대해서 살펴보자.
- 규격은 두께×폭×길이로 하고 단위는 mm로 한다.
- 소수점 이하는 올림하여 계산한다.
- 구조재는 계산한 숫자보다 10% 정도 여유있게 주문한다.

전면에 데크를 설치한 횡성 삼배리주택의 전경

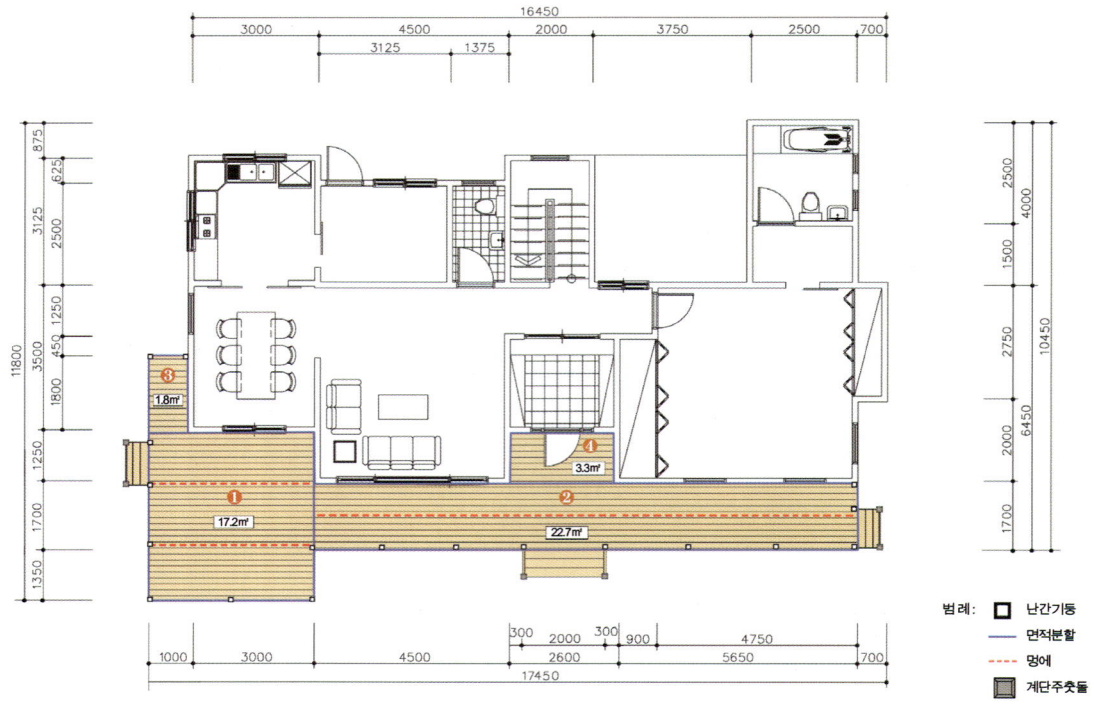

**횡성 삼배리주택.** 데크의 면적분할과 멍에, 난간기둥, 계단 주춧돌이 표시되어 있는 1층 평면도.

### (1) 상판

- 상판에 레드파인 21×120×3600mm을 사용한다면 개당 0.432㎡이다. 계단을 제외한 도면의 상판면적에 개당면적을 나누면 필요한 전체 개수가 나온다.

**사례 자재산출**

상판의 총면적이 45㎡로 레드파인 21×120×3600mm 상판 한 장의 면적이 0.432㎡이므로 45/0.432=105장이다.

횡성 삼배리주택. 데크에 상판을 깐 모습.

---

### (2) 장선

- 장선은 건물의 벽 방향과 90°가 대부분이다.
- 장선의 간격은 16인치(407mm) 이내로 계산한다. 벽으로부터 장선의 길이가 3600mm이 넘으면 도면길이보다 조금 큰 치수인 38×140×4200mm로 계산한다. 벽으로부터 1700mm이면 38×140×3600mm의 0.5개로 계산하고, 폭이 2600mm이면 2600/407=6.39로 장선 개수는 7이 된다. 따라서 벽으로부터 장선의 길이가 1700mm이고 폭이 2600mm이면 38×140×3600mm를 4개로 계산한다.

멍에에 표시한 장선의 간격을 유지하고 전면부를 고정하기 전에 코너의 각이 90°가 되는지 확인한다.

**사례 자재산출**

도면에서 ① 깊이 4300mm, 폭 4000mm : 4300/407=11개, 38×140×4800mm 11개
② 깊이 1700mm, 폭 12750mm : 12750/407=32개, 38×140×3600mm 16개
③ 깊이 1800mm, 폭 1000mm : 1000/407=3개, 38×140×3600mm 2개
④ 깊이 1250mm, 폭 2600mm : 2600/407=7개, 38×140×3600mm 4개
그러므로 38×140×4800mm는 11개, 38×140×3600mm는 22개가 소요된다.

### (3) 앞테두리장선

- 난간의 총 길이를 도면으로 파악하여 총 길이(mm)에 4800을 나눈 개수로 한다.
- 규격은 38×140×4800mm이다.

 사례 자재산출

> 난간 총 길이 25550mm/4800mm = 6개이다.

### (4) 앵커볼트 고정용 멍에

- 뒤테두리장선 대신 앵커볼트 고정용 멍에 위에 장선을 건다.
- 벽과 접한 길이(mm)에 4800을 나눈 개수로 한다.
- 규격은 38×140×4800mm이다.

 사례 자재산출

> 벽과 접한 총 길이 22300mm/4800mm = 5개이다.

앵커볼트 고정용 멍에 위의 장선(Joist)이 좌우로 넘어지지 않게 한 칸 건너 장선 사이에 블로킹을 대어준다.

### (5) 멍에

- 멍에는 폭 1500mm 이내에 한 줄씩 넣어준다.
- 데크의 폭이 1500mm 이내이면 데크와 접하는 건물 벽면의 총 길이 나누기 4800을 하여 개수를 산출한다. 데크의 폭이 1500mm 이상이면 데크의 폭에 1500을 나누고 −1을 하여 개수를 산출한다.
- 규격은 38×140×4800mm이다.

 사례 자재산출

> 도면에서 ②길이 12750mm + ① 길이 (4000mm X 2개)/4800mm = 5개이다.

2층 베란다에서 바라본 데크의 틀. 4.3m의 폭에 2개의 멍에를 넣었다.

### (6) 멍에받침기둥

- 난간기둥 90×90(가로×세로)mm 규격의 동바리를 이용한다.

 사례 자재산출

> 난간기둥의 동바리를 사용하고 1개를 여분으로 준비한다.

멍에받침기둥을 주춧돌에 끼워 넣고 못으로 고정한다.

### (7) 난간기둥

- 난간기둥의 간격은 대략 1800mm 이내가 적당하므로 난간의 총 길이를 도면으로 파악하여 총 길이(mm)에 나누기 1800을 하여 개수를 구한다.
- 난간의 꺾임과 계단의 위치 및 개수에 따라 기둥이 늘어나는데 계단의 수만큼 더한다.
- 난간기둥의 높이가 1200mm 이내면 90×90×3600mm로 난간기둥 3개를 만들어 사용할 수 있다.

아래로부터 4x4용 콘크리트주춧돌, 난간기둥, 손스침까지 완성된 수직 단면의 모습.

 사례 자재산출

> 난간 총 길이 25550mm/1800mm=15개와 계단 3개를 더하여 18개이다. 난간기둥의 높이가 1200mm이므로 규격 90×90×3600mm을 기준으로 6개이다.

### (8) 소동자

- 난간의 소동자 중심선과 중심선 사이의 간격이 140~180mm가 넘지 않도록 한다.
- 난간의 소동자는 한 개의 높이를 600mm로 계산하고 난간기둥-1개에 11개를 곱하여 600(mm)을 곱하면 전체 총 길이가 산출한다. 그 총 길이(mm)에 3600을 나눈 개수로 한다. - 규격은 38×38×3600mm이다.

 사례 자재산출

> 계단을 제외한 난간의 총 칸 수는 14칸이고 1칸에 600mm 소동자가 11개씩 사용되므로 (14칸×11개×600mm)/3600mm = 26개이다.

### (9) 기초난간

- 난간의 총 길이(mm)에 4800을 나눈 개수를 구한다.
- 규격은 38×90×4800mm이다.

 사례 자재산출  난간의 총 길이 25550mm/4800mm = 6개이다.

### (10) 상부난간

- 난간의 총 길이(mm)에 4800을 나눈 개수를 구한다.
- 규격은 38×90×4800mm이다.

 사례 자재산출  난간의 총 길이 25550mm/4800mm = 6개이다.

### (11) 난간대(핸드레일, 손스침)

- 난간의 총 길이(mm)에 4800을 나눈 개수를 구한다.
- 규격은 38×140×4800mm이다.

 사례 자재산출  난간의 총 길이 25550mm/4800mm = 6개이다.

연필로 직각을 표시하여 아연피스로 가지런히 난간대를 고정하였다. 모서리를 45°로 절단하여 안전에도 신경을 썼다.

### (12) 페이샤

- 난간의 총 길이(mm)에 4800을 나눈 개수를 구한다.
- 규격은 38×185×4800mm이다.

 사례 자재산출  난간의 총 길이 25550mm/4800mm = 6개이다.

### (13) 계단기둥
- 계단 난간을 설치할 계단의 개수 당 90×90×3600mm 1개이다.

  디딤판이 3단 이하의 계단기둥은 생략한다.

### (14) 디딤판
- 계단의 총 길이에 디딤판 수를 곱하고 1단에 2개 사용을 기준으로 한다.
- 규격은 38×140×3600mm이다.

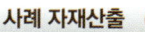  도면에 나타난 계단의 총 길이 4400mm × 디딤판 3개 × 2(1단에 2개) = 26400mm/3600mm = 8개이다.

### (15) 디딤판받침판(라이즈, 케코미)
- 계단 2단당 1개 정도 산정한다.
- 규격은 38×140×3600mm이다.

 (계단 수 3개 × 디딤판 수 3개)/2 = 5개이다.

### (16) 계단옆판(스트링거)
- 디딤판의 수가 2단 이하는 2/3개로 하고 3단 이상은 1개로 산정한다.
- 규격은 38×240, 285×4200mm이다.

 디딤판 수, 3단 이상은 1개 × 계단 3개=3개이다.

디딤판과 라이즈를 가리는 계단옆판의 모습.

### (17) 블로킹
- 사용하고 남은 동바리를 이용한다.

 **사례 자재산출** | 수량은 산정하지 않는다.

### (18) 래티스
- 난간의 총 길이(mm)에 2400mm(래티스 1개의 폭)로 나누고 2(래티스 1개 높이의 절반)로 나눈 개수로 산정한다.
- 방부 래티스의 규격은 16t×1220×2440mm이고 PVC 래티스의 규격은 1220×2440mm로 색상별, 대골, 소공용으로 구분하여 사용한다.

오일스테인을 칠한 래티스를 하부의 틀에 맞게끔 재단한다.

 **사례 자재산출** | 난간의 총 길이 25550mm/2400mm/2 = 6개이다.

### (19) 주춧돌(4×4용)
- 난간기둥용 주춧돌은 1개 정도 여유 있게 주문한다.
- 난간기둥의 개수에 계단의 수×2를 더한다.

 **사례 자재산출** | 난간기둥 수 18개+(계단 3개×2)+1 = 18+6+1 = 25개이다.

### (20) 세트앵커볼트(1/2" 150mm)
- 세트앵커볼트는 1m 내에 한 개씩 고정한다.
- 벽과 접한 총 길이(mm)에 900mm로 나눠서 산출한다.

 **사례 자재산출**

난간기둥 수 18개+(계단 3개×2)+1 = 18+6+1 = 25개이다.

기초콘크리트에 세트앵커볼트로 장선 받침 목를 결합한 상세.

### (21) 래티스틀

- 기초난간과 상부난간 개수에 세로난간(가로난간의 1/2임) 2개를 더하고 4800mm로 나누어 개수를 구한다.
- 규격은 38×90×4800mm이다.

 **사례 자재산출** ▶ (기초난간 개수+상부난간 개수)×1.5=(6+6)×1.5 = 18개이다.

### 나) 사례 데크의 비용산출

자재의 전체 가격은 상판을 어떤 재료로 마감하느냐에 따라 변동 폭이 크다. 일반적으로 많이 쓰는 레드파인 21×120×3600mm을 기준으로 하고 가격은 단가에 손실률 10%를 더한 금액을 반영하였다.

**횡성 삼배리주택 비용산출표** (단위: 원)

| 번호 | 명 칭 | 규격<br>(두께×폭×길이mm) | 수 량 | 손실률<br>(%) | 단 가 | 가 격 | 비 고 |
|---|---|---|---|---|---|---|---|
| 1 | (1)상판(레드파인) | 21×120×3600 | 105 | 10 | 4,200 | 485,100 | |
| 2 | (2)장선(1) | 38×140×3600 | 22 | 10 | 9,130 | 220,946 | |
| 3 | 장선(2) | 38×140×4800 | 11 | 10 | 13,640 | 165,044 | |
| 4 | (3)앞테두리장선 | 38×140×4800 | 6 | 10 | 13,640 | 90,024 | |
| 5 | (4)앵커볼트 고정용 멍에 | 38×140×4800 | 5 | 10 | 13,640 | 75,020 | |
| 6 | (5)멍에 | 38×140×4800 | 5 | | 13,640 | 68,200 | |
| 7 | (6)멍에받침기둥 | 90×90×3600 | 1 | | 17,160 | 18,876 | 동바리 이용 |
| 8 | (7)난간기둥 | 90×90×3600 | 6 | 10 | 17,160 | 113,256 | |
| 9 | (8)소동자 | 38×38×3600 | 26 | 10 | 2,970 | 84,942 | |
| 10 | (9)기초난간 | 38×90×4800 | 6 | 10 | 13,640 | 90,024 | |
| 11 | (10)상부난간 | 38×90×4800 | 6 | 10 | 13,640 | 90,024 | |
| 12 | (11)난간대 | 38×140×4800 | 6 | 10 | 13,640 | 90,024 | |
| 13 | (12)페이샤 | 38×185×4800 | 6 | 10 | 19,800 | 130,680 | |
| 14 | (13)계단기둥 | 90×90×3600 | 0 | | 17,160 | - | 3단 이하 생략 |
| 15 | (14)디딤판 | 38×140×3600 | 8 | 10 | 9,130 | 80,344 | |
| 16 | (15)디딤판받침판 | 38×140×3600 | 5 | 10 | 9,130 | 50,215 | |
| 17 | (16)계단옆판(스트링거) | 38×285×4200 | 3 | | 29,480 | 88,440 | |
| 18 | (17)블로킹 | 38×140×3600 | 0 | | 9,130 | - | 동바리 이용 |
| 19 | (18)우드.PVC 래티스(대골) | 16t×1220×2440 | 6 | | 35,000 | 210,000 | |
| 20 | (19)주춧돌 | 4×4용 | 25 | | 7,700 | 192,500 | 1개 여유 있게 주문 |
| 21 | (20)세트앵커볼트 | 1/2" 150mm | 25 | 10 | 540 | 14,850 | |
| 22 | (21)래티스틀 | 38×90×4800 | 18 | 10 | 13,640 | 270,072 | |
| | 합 계 | | | | | 2,358,509 | |

* 방부목은 ㈜나무좋아요의 HF/KD재임.
* 위에 산출된 단가는 ㈜나무좋아요 홈페이지 2015년11월 3일자 금액임.

### 4) 데크공사에 필요한 공구

1. 연필  2. 커터 칼  3. 스피드 스퀘어  4. 줄자  5. 망치  6. 손톱  7. 수평대  8. 아연피스  9. 먹통  10. 임펙트 드라이버
11. 디스크샌더  12,13. 타가  14. 전동드릴  15. 전기 원형톱  16. 슬라이드 스킬톱

### (1) 일반도구의 종류와 사용방법

#### 1. 커터 칼

목수의 기본도구 중 하나로 연필 깎기부터 제품의 포장 자르기, 합판류 절단 등 이루 헤아릴 수 없을 정도로 많이 사용한다. 그러나 사용하기 간단하다고 해서 방심하면 안 된다. 특히 얇은 합판류를 절단한다든지 나뭇결 방향의 절단은 주의를 기울이지 않으면 일정하지 않은 나뭇결 방향으로 삐져나가서 손가락을 다칠 수 있으니 주의해야 한다.

## 2. 줄자

줄자는 주로 길이와 넓이, 높이를 측정하는 용도로 사용되는 공구로 목수에게는 필수품이다. 미터용 자와 인치용 자가 있는데 초보자는 미터용 자를 사용하는 것이 좋다. 인치용 자는 미국 경량목구조 목수들이 주로 사용하는 줄자이다. 간혹 줄자를 사용하다가 정밀한 치수가 나오지 않아 살펴보면 줄자 끝 부분의 걸이쇠가 망가져 있는 경우가 있는데 조심해서 살펴봐야 한다.

## 3. 망치

클로망치(Claw hammer)를 노루발장도리(빠루 망치)라고도 하는데 못을 박거나 빼는 데 사용한다. 이 망치는 무거워서 큰 못을 쉽게 박을 수 있고 두 갈래로 벌어진 핀(Peen)은 굽은 못을 빼내는 데 편리하다. 못을 걸어 잡아당기면 자루와 머리 연결부에 큰 힘이 가해지므로 긴 못을 많이 뽑아야 할 때는 자루와 망치머리가 완전한 일체형으로 된 것을 선택하는 것이 좋다. 자루 손잡이를 고무나 비닐로 두르면 공구가 미끄러지지 않아 편리하게 작업할 수 있다.

## 4. 손톱

손톱은 목재를 자르는 톱과 켜는 톱이 있다. 자르는 톱은 목재의 섬유질과 90° 방향으로 절단하는 것이고 켜는 톱은 목재의 섬유질 방향으로 절단하는 톱이다. 옛날 톱을 보면 톱날이 양쪽으로 붙어 있다. 목수의 가장 기본은 목재를 자르는 것이다. 손톱은 사용하기가 간단해 보이지만 그렇지 않다. 단언컨대 손톱을 완벽하게 다루는 사람, 완벽한 목수라 할 수 있다.

## 5. 수평대

수평대는 수평뿐만 아니라 수직까지도 측정하는 아주 중요한 도구이다. 필자는 건축시공의 기본 3요소는 '치수, 수직, 수평이다.'라고 생각한다. 건축에서 수직과 수평은 중요한 요소이므로 따라서 그것을 측정하는 수평대도 그만큼 중요한 도구이다. 수평대 사용 시 가장 중요한 것은 수평대가 제품 전체에 부착해서 수평대에 붙어 있는 사각 유리관 속의 물방울이 정중앙에 있는 것을 확인하는 것이다.

## 6. 먹통

먹물을 담아 둔 통으로 먹줄감개에 실을 감아 둔 형태이다. 다른 사람과 함께 표시하려고 하는 위치에 실을 팽팽하게 당긴 뒤 악기의 현을 다루듯이 튕겨주면 표면에 먹물이 묻는다. 수평과 수직을 잡고 곧게 먹줄치기, 먹긋기에 사용한다.

## 7. 스피드 스퀘어

미국식 경량목구조용으로 개발된 것인데 일반 목구조 현장에서도 유용하게 사용할 수 있으므로 익혀두면 편리하다. 주로 직각의 선을 표시하고 때로는 제품을 직각이나 45°로 자를 때 가이드로 사용하면 아주 편리하다. 45°뿐만 아니라 어떤 각도도 간단히 표시할 수 있어 스피드 스퀘어(Speed-Square)라는 이름이 붙여졌다. 삼각의 끝부분을 힌지의 축으로 메모리에 적혀있는 각도에 갖다 대고 연필로 그으면 정확한 각도가 나온다.

## (2) 전동공구의 종류와 사용방법

### 1. 임펙트 드라이버(Impact drivers)

임펙트 드라이버는 전기로 충전해서 사용하므로 휴대가 쉽고 충격을 주는 힘으로 나사를 돌리기 때문에 돌리는 힘이 아주 좋다. 이 기계 하나만 있으면 목구조의 현장에 조임이 필요한 일 대부분을 해결할 수 있다. 팁 부분을 교체하면 나사못뿐만 아니라 육각볼트는 물론이고 목공용 드릴 작업까지 다양한 작업을 수행할 수 있다. 사용 시 떨어질 때 팁 부분의 충격은 큰 고장의 원인이 되므로 주의해야 한다.

### 2. 전동드릴

전동드릴의 비트 회전수가 정속형인 것과 변속형인 것이 있다. 정속형은 분당 1,200~2,600회 회전하지만, 변속형은 분당 0~2,600회로 회전수를 변속하는 것이 가능하다. 드릴을 가공물에 가까이하여 스위치를 넣어 정격 회전수에 도달하면 자리를 잡은 후 서서히 작업한다. 아주 강하게 눌러도 빨리 뚫리지 않고 오히려 드릴의 마모를 촉진해 기계의 수명을 단축하게 하는 원인이 될 수도 있으니 주의해야 한다. 구멍이 다 뚫렸을 때는 누르는 힘을 줄이고 기계를 균형 있게 단단히 잡지 않으면 비트가 부러질 수 있으니 주의해야 한다. 드릴을 사용할 때는 구멍의 지름이 클수록 회전수를 줄여 사용한다. 비트는 목적에 맞추어 장착하지만 드릴척에 꽉 고정해두지 않으면 작업 중 흔들릴 염려가 있어 작업이 안 될 뿐만 아니라 생각지 않은 사고가 발생할 수 있다. 그래서 비트를 드릴척에 끼워 넣고 드릴척의 3개 구멍에 있는 기어를 균일하게 하여 조이고, 분해할 때는 조일 때와 반대로 돌리면서 드릴척에서 푼다.

### 3. 디스크샌더

샌드페이퍼 고정용 스프링을 누른 후 샌드페이퍼를 끼워 넣고 고정용 스프링을 놓으면 샌드페이퍼가 고정된다. 이때 샌드페이퍼를 팽팽하게 고정해 처지지 않게 한다. 샌드페이퍼를 쉽게 고정하기 위해 한쪽을 고정한 후 반대쪽을 5~7mm 접은 후 고정하면 쉽게 할 수 있다. 샌드페이퍼를 가공 면에 대고 ON 혹은 OFF 시키면 가공 면을 크게 손상할 우려가 있으므로 항상 가공 면에서 떼고 스위치를 넣고 일정 속도가 되면 가공하기 시작한다. 이때 가볍게 눌러 전후 방향으로 이동을 반복하여 가공하면 된다. 필요 이상으로 세게 누르면 모터에 무리가 갈 뿐만 아니라 샌드페이퍼의 수명을 단축하므로 주의해야 한다. 작업 도중 입자가 다른 샌드페이퍼를 사용하면 깨끗한 면을 얻을 수 없으므로 똑같이 연마될 때까지 입자가 같은 샌드페이퍼를 사용한다.

### 4. 타가

타가는 총처럼 손잡이를 누르면 앞에서 못이 탁하고 튀어나와 박히는 구조로 안전장치인 스위치를 먼저 넣어야 작동이 된다. 에어건을 연결할 때는 호스 끝에 있는 카플러 끝을 내려 주면서 타가를 눌러 연결하면 된다. 보통 타가는 에어타가로 콤푸레샤라는 기계에 연결하여 공기의 압력으로 작동을 시키는데, 요즘엔 전기만으로도 사용할 수 있는 타가가 나와서 저렴하면서도 손쉽게 사용할 수 있다. 목조주택을 짓는 전원주택 현장에서 미국식 경량 자재를 못총으로 "탕탕" 거리며 부재를 결합하는 것을 본 적이 있을 것이다. 미국식 경량목구조일 경우 못총으로 집을 짓거나 데크를 짤 때 목재를 고정하는 데 효율적이다.

## 5. 전기 원형톱 (Electric circular saws)

미국과 캐나다에서는 "스킬소"로 불리기도 하는데 목재의 절단과 켜기 등 목조주택 현장에서 제일 많이 사용하는 도구 중 하나이다. 사용방법은 절단 가이드 선에 톱날을 맞추어 놓고 소재에서 약간 멀리 놓은 후 톱날의 회전이 일정하게 될 때까지 기다렸다가 피절삭물에 대고 자르기 시작한다. 거의 다 잘랐을 때는 피절단물의 절단면에 톱날이 물려 본체가 강한 힘으로 되돌려지는 경우가 있으므로 주의해야 한다. 그래서 잘려 떨어질 소재 부분을 한 손으로 단단히 잡고 눌러서 작업을 완료하는 것이 중요하다.

사용하기 전에 안전을 위하여 톱날 조임을 확인해야 하고 이상이 있을 때는 조임 볼트를 시계 방향으로 돌려 조인다. 간혹 안전커버를 고정하여 사용하는데 안전커버는 신체에 날이 닿는 것을 막기 위해 설치한 것이므로 안전을 위해 절대로 고정해서 사용하면 안 된다. 반드시 날을 가리도록 하고 원활하게 움직이는가를 확인한 후에 사용해야 한다. 날이 회전하고 있을 때는 기계를 이동시켜서는 안 된다. 사용 중에 날이 멈추거나 이상한 소리가 날 때는 즉시 스위치를 빼고 이상 유무를 확인해야 한다. 다른 전동공구와 마찬가지로 작업하지 않을 때는 반드시 전원을 차단해야 한다. 아울러 날 등을 바꿀 때는 반드시 전원을 차단한 후에 바꾼다. 구매할 때는 브레이크, 안전커버 및 스위치 기능 등을 점검한 후 구매한다.

## 6. 슬라이드 스킬톱 (Miter saw)

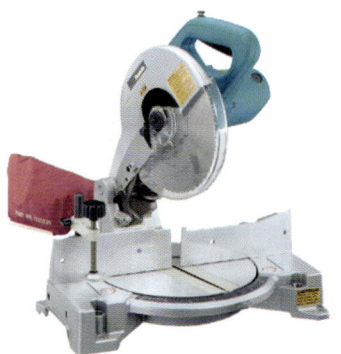

전기 원형톱은 이동하면서 어떤 위치에서나 절단작업이 가능한 데 비하여 슬라이드 스킬톱은 덩치가 크고 원형 톱날도 크다. 대부분 한 자리에 고정해 놓고 사용한다. 큰 부재의 절단이 쉽고 부재를 눕힌 상태나 세운 상태에서도 사용할 수 있는데 기계를 수평이나 수직 상태에서 각도를 조절하여 절단할 수 있어 복합각도 절단기라고 한다. 전동기계가 없었던 시절에 고도의 측도 기술 없이는 절단하지 못했던 각도까지 간단히 해결된다. 이리저리 각도를 변형하여 절단할 수 있는 만큼 안전사고도 잦으니 조심해서 사용해야 한다.

## 3. 소형주택 데크공사

데크는 우리 전통한옥의 대청마루와 같은 역할을 하는 것으로 주택 내부의 생활공간과 외부의 자연 공간을 연결해주는 독립된 전이공간이다. 데크는 일상을 보다 자연과 가깝게 해주고 심리적 안정감을 가져다주는 곳으로 목조주택의 꽃이라 불릴 만큼 어떻게 틀을 짜고 모양을 잡느냐에 따라서 건물의 분위기가 바뀐다. 데크는 야외에 노출되어 비바람을 맞기 때문에 목재가 부패하는 것을 막기 위해 나무의 심재까지 방부액이 주입된 목재를 사용하게 된다. 이 방부목이 건강을 해친다는 이유로 자연방부목을 사용하기도 하는데 일반 방부목보다 가격은 더 비싸다. 배를 만드는 웨스턴 시다나 삼나무, 방킬라이 같은 남양재를 많이 사용하기도 하는데 방부액을 주입한 것이나 자연방부목 둘 다 자외선을 방지하고 수분차단 역할을 하는 오일스테인을 구석구석 발라 주어야 한다. 원칙적으로 1년에 한 번씩 칠해주어야 하지만, 현재 오일스테인을 보호해주는 코팅재가 나와 있어 4~5년에 한 번 정도 칠해도 되는 공법이 있다. 시공순서에 따라 가로 5m×세로 1.5m의 데크를 설치해 보자.

## 1) 준비물

**(1) 도구**

1. 연필  2. 스피드 스퀘어  3. 줄자  4. 망치  5. 수평대(1.8m)  6. 아연피스 (64mm 1박스)  7. 먹통  8. 임펙트 드라이버  9. 전기 원형톱

**(2) 자재**

- 바탕용 방부목 2″×6″×12자 17개
- 상판재 21mm×120mm×12자 25개
- 옆 마구리판 2″×8″×14자 2개

## 2) 시공 순서

(1) 기준선 먹물치기　(2) 기준선에 맞춘 수평잡기　(3) 치수재기
(4) 바탕틀 짜기　(5) 틀의 조립　(6) 바탕틀 고정하기
(7) 옆 마구리판 고정하기　(8) 상판 깔기　(9) 계단공사

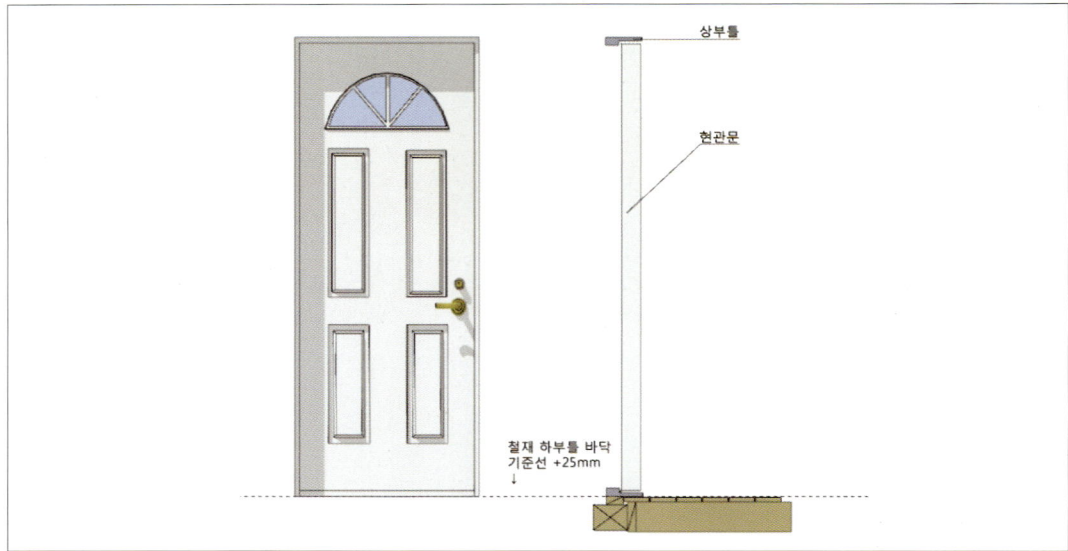

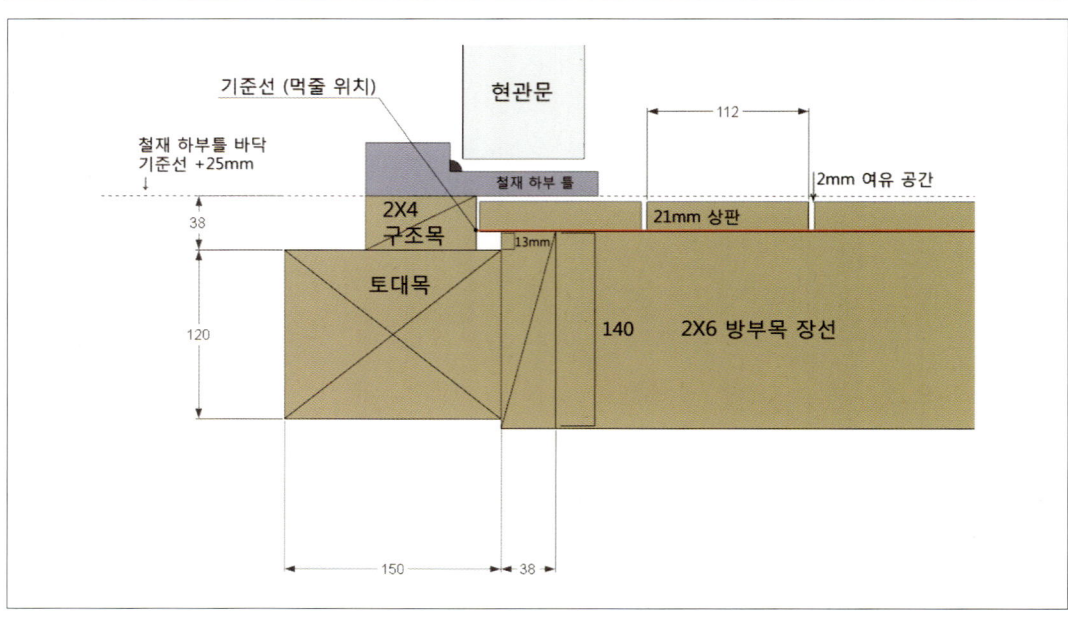

## 3) 시공 방법

### (1) 기준선 먹물치기

기준선은 상판의 밑부분 즉 바탕틀의 상부인데 현관문의 전체 문을 하단선보다 약 25mm 정도 내린다. 토대목 상부에서 건물 좌·우측에서 13mm 상부 지점에 연필로 표시하여 먹을 친다. 이 기준선이 바탕틀을 고정할 기준선이 된다.

### (2) 기준선에 맞춘 수평잡기

건물 본체의 기준선에 맞추어 기둥에도 수평을 표시해야 한다. 이때는 수평을 측정해야 할 기둥이 그다지 멀지 않으므로 수평대를 이용하여 수평을 측정하면 된다. 수평대의 기포가 유리관의 정중앙에 올 때 수평이 제일 정확하다. 이때 수평대 상부의 기둥에 연필로 표시하면 수평 지점을 찾게 된다.

### (3) 치수재기

- 틀1. 1,500×1,800mm
- 틀2. 2,000×2,900mm
- 틀3. 계단용 사다리 형태 2개
     : 260×1,800mm(상부), 520×1,800mm(하부)

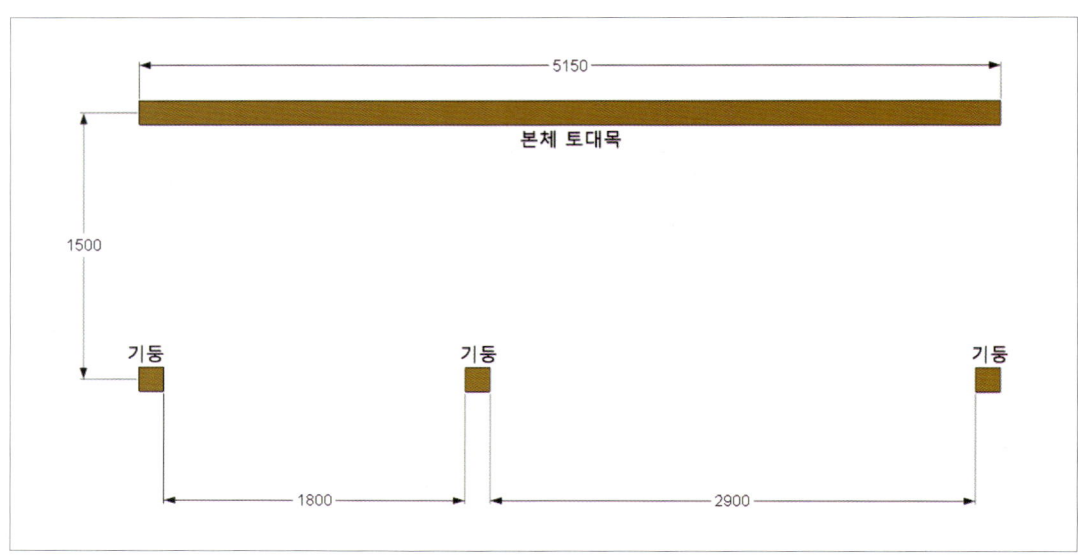

### (4) 바탕틀 짜기

01. 틀1의 재단 : 2″×6″×3,600mm짜리 방부목으로 가로 부재 1,800mm짜리 2개
    세로 부재 1,500mm−(38mm×2)=1,424mm 6개 (1,800mm÷407mm+1=5.42)

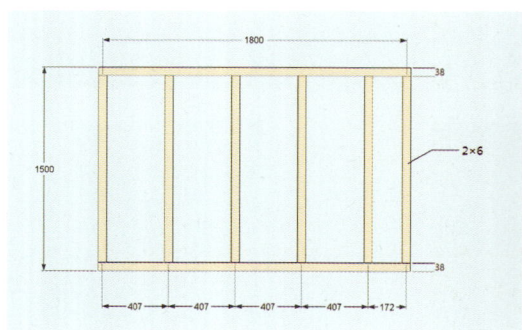

**TIP** 바닥의 울렁거림을 방지하기 위해서 장선의 간격이 16인치(407mm)를 넘으면 안 된다.

02. 틀2의 재단 : 틀1의 재단과 같이 가로 부재 2,900mm짜리 2개
　　　　　　　　세로 부재 2,000mm−(38mm×2)=1,924mm 8개 (2,900mm÷407mm+1=8.13)

03. 틀3의 재단 : 가로 부재 1,800mm 2개, 세로 부재 260mm−(38mm×2)=184mm 4개
　　　　　　　　가로 부재 1,800mm 2개, 세로 부재 520mm−(38mm×2)=444mm 4개

틀3의 설치순서

틀3의 상세도면

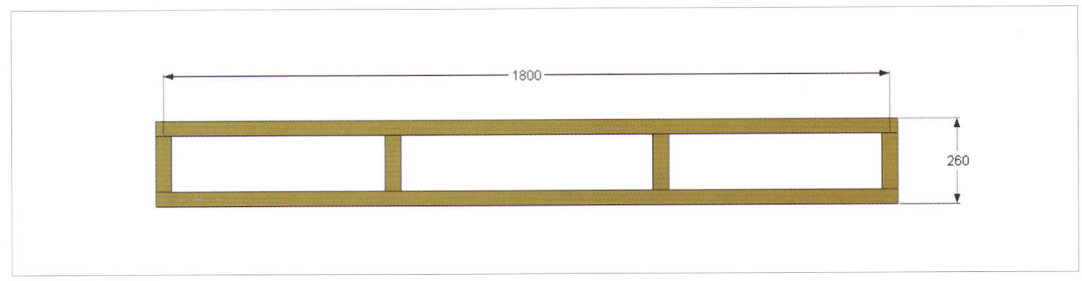

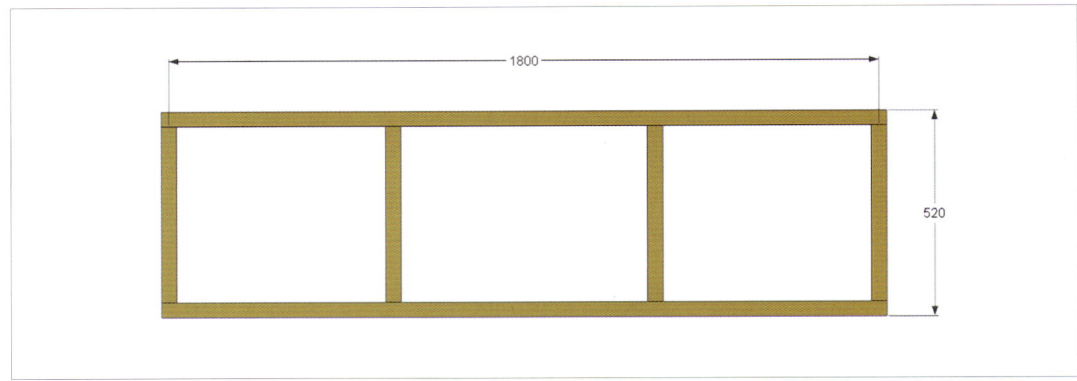

## (5) 틀의 조립

틀1, 틀2, 틀3의 재단이 완료되면 가로 부재에 고정하고 삼각스케일을 이용해 연필로 위치를 표시한 후 나사못이나 못으로 부재를 직각 방향으로 고정한다.

이때 주의해야 할 점은 장선의 간격이 16인치(407㎜)를 넘으면 안된다. 망치나 드라이브로 못이나 나사못을 고정할 때에는 미리 가로 부재에 나사못이나 못을 고정하여 두면 부재를 결합할 때 높이가 어긋나지 않게 고정할 수 있다.

조립 시 제일 중요한 것은 바탕면 상부의 가로 부재와 세로 부재의 높이 차이를 없게 하는 것이다. 만약 높이 차이가 생기면 상판과 바탕 사이에 틈이 생겨 상판의 울렁거림을 유발할 수 있기 때문이다. 결합 요령은 바닥에 평평한 물건을 놓고 서로 눌러 둘 다 동시에 바닥에 닿은 상태에서 못을 고정한다.

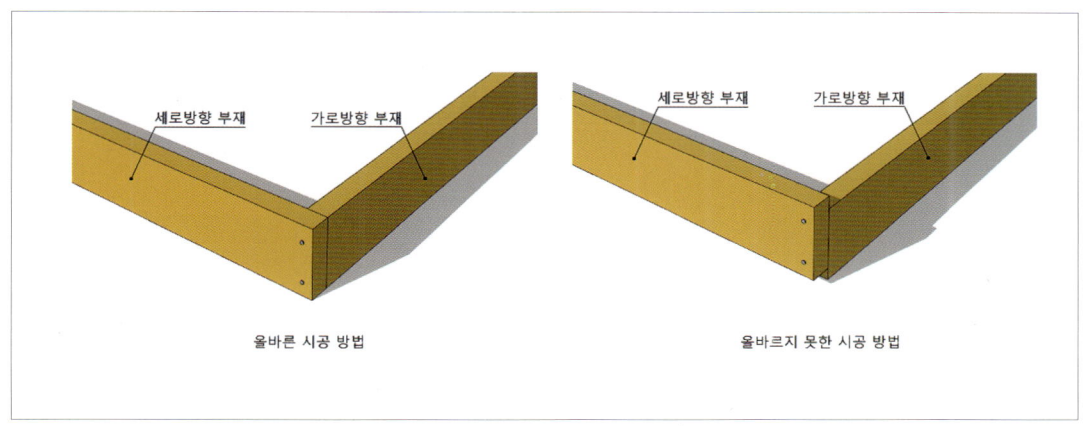

## (6) 바탕틀 고정하기

바탕틀 상부를 기준선에 맞추어 나사못이나 못으로 고정한다. 이때 틀의 수평을 맞추기 위해서 부위에 수평대를 놓고 확인한다.

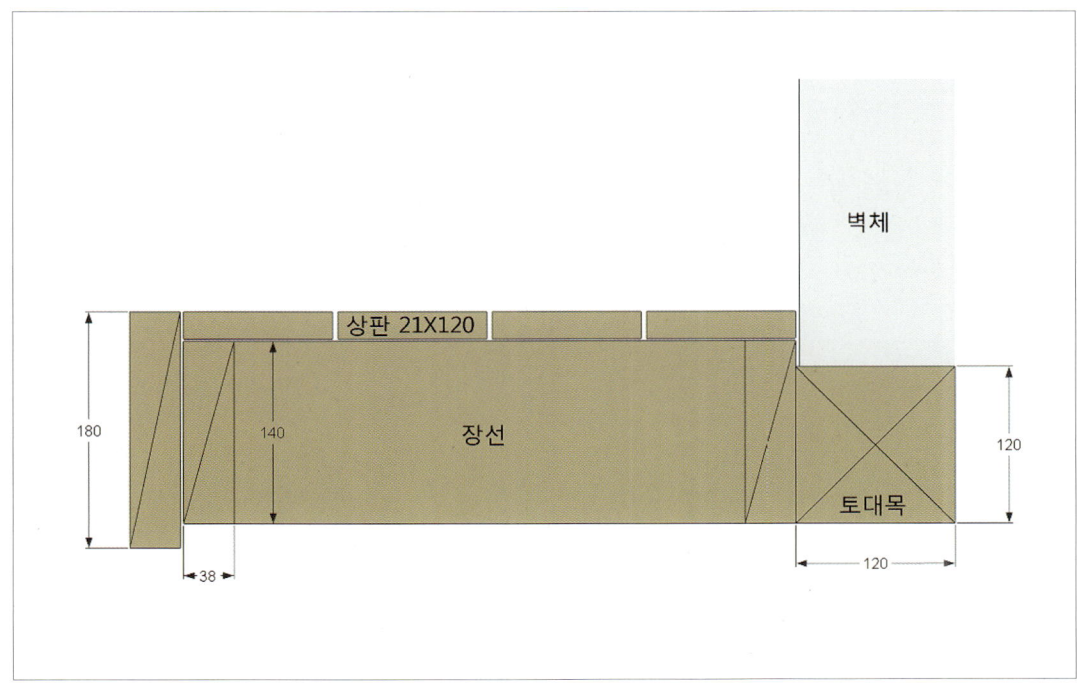

### (7) 옆 마구리판 고정하기

옆 마구리판 고정은 부재의 휨강도를 보강하는 한편 외관상 튼튼해 보이는 장점도 있다. 상판의 상부와 마구리판 상부가 고저 차가 없도록 상판을 옆에 대고 높이를 맞추면서 고정한다.

### (8) 상판 깔기

**가. 준비물**

- 도　　구 : 임펙트 드라이브, 끌, 빠루, 망치
- 자　　재 : 21mm×120mm×12자 25개
- 부자재 : 아연도금 나사못 45mm 1봉지

> **TIP  상판 자재 산출하는 방법**
> 21mm×120mm×12자(두께×가로×길이) 한 장을 기준으로 면적이 0.12m×3.6m = 0.432㎡이다.
> 시공하고자 하는 면적이 약 10㎡이면 시공면적 10㎡÷0.432㎡(한 장의 면적)=약 23장(소요되는 상판 장수)으로 여기에 손실률 10%를 더하면 25장이 소요된다.

**나. 시공요령**

01. 상판을 3,600mm와 1,400mm 두 가지 길이로 절단하여 지그재그로 상판의 폭을 균일하게 하는 것이 포인트다. 상판 1장에 나사못은 반드시 2개를 써서 고정한다.

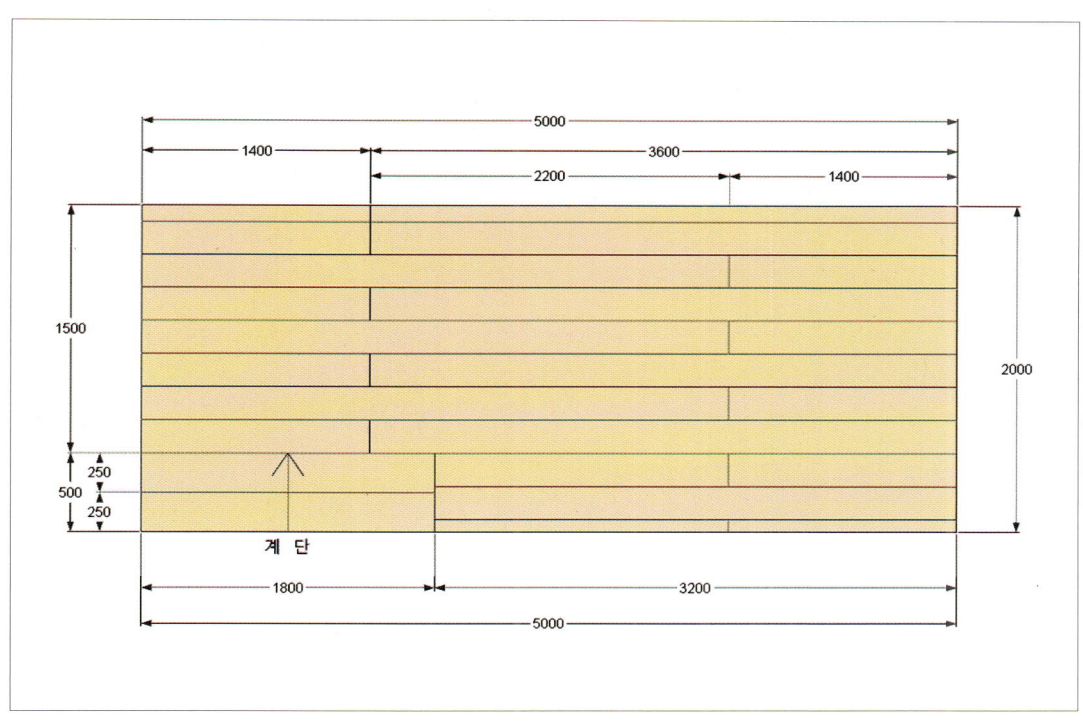

02. 상판이 심하게 휘어진 것이 있다. 이럴 때는 한쪽을 나사못으로 고정하고 끌이나 빠루로 지렛대의 원리로 밀면 반듯하게 고정된다.

03. 나사못을 고정할 때는 하부의 장선이 보이지 않으므로 분필 먹으로 표시해놓고 나사못을 고정하면 나사못 고정라인이 정갈하고 나사못이 어중간하게 고정되는 하자를 없앨 수 있다.

### (9) 계단공사

계단공사는 간단히 사다리형태의 틀을 2개 짜서 2단으로 놓고 그 위에 상판을 얹으면 된다. 땅에서 상부 상판까지 평균 높이를 Xcm로 잡아 15cm로 나누면 계단의 단수가 된다. 2단일 경우 사다리꼴 틀을 1개 짜서 2번째 상부에 고정하고, 3단일 경우 사다리꼴 틀을 2개 짜서 3번째 상부에 고정한다.

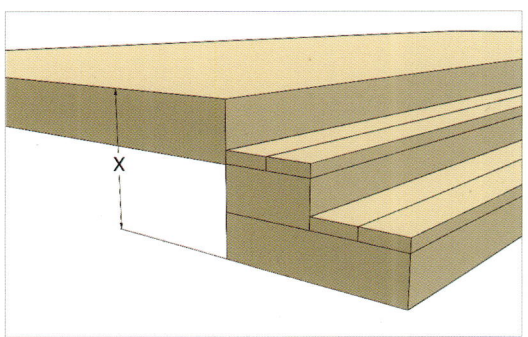

## 4. 테이블 만들기

데크를 시공하고 난 후 야외공간에 없어서는 안 될 물건이 야외용 테이블이다. 따뜻한 볕 아래에서 보내는 시간이 점점 늘어가는 봄부터 가을까지 아주 유용하게 사용되는 제품이다. 손님이 방문했을 때 차를 마시면서 담소를 나누고 친구나 친지들이 방문하여 야외 바비큐라도 하려면 없어서는 안 될 전원주택의 필수품이다.

### 1) 준비물

**(1) 도구**
1.연필 2.스피드 스퀘어 3.줄자 4.망치 5.아연피스 6.임펙트 드라이버 7.전동드릴 8.전기 원형톱 9.멀티 콘센트 10.슬라이드 스킬톱

**(2) 자재**
방부목 2″×6″×12피트 (두께 38mm×가로 142mm×세로 3,665mm) 9개

**(3) 부자재**
75mm 아연도금 나사못, 50mm 아연도금 나사못, 오일스테인 3.5L

## 2) 만드는 순서

### (1) 의자 일체형 테이블 만들기

01

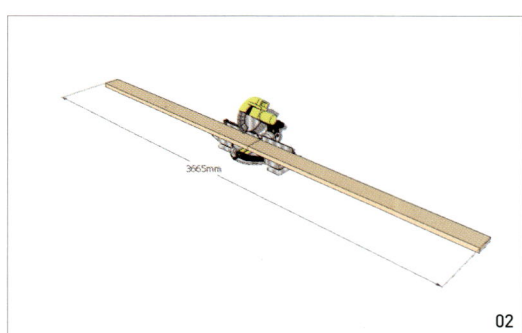

02

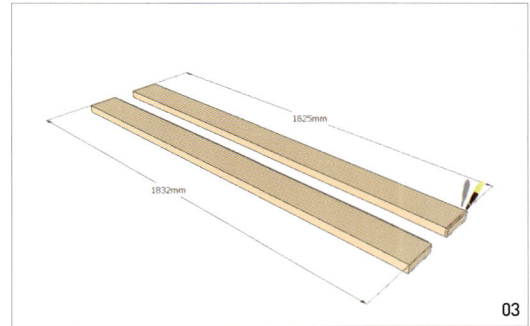

03

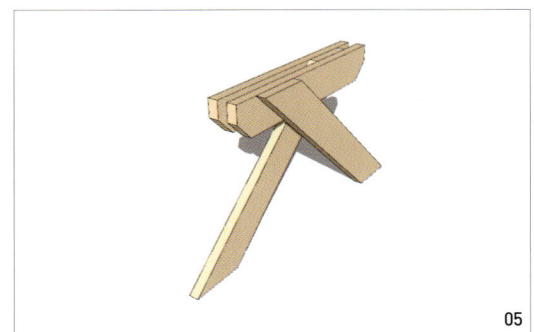

04

05

**01_** 완성된 의자 일체형 테이블.
**02_** 2″×6″×12피트 방부목을 반으로 자른다. (3,665mm÷2=1,832mm)
**03, 04_** 1,832mm를 1,825mm 크기로 11개를 자른다. (상판용 6개, 의자용 4개, 파라솔 지지용 1개)
**05_** 먼저, 테이블 다리를 만든다.

06_ 상판 받침대를 만들기 위하여 미리 재단한 방부목 6개를 나란히 붙여 실측한다. 길이는 852mm이다.

07_ 2″×6″×12피트 방부목 3,665mm를 852mm의 크기로 네 등분하고 자른다. 변의 모서리를 70mm씩으로 하고 각을 잘라준다. 많은 수량의 각도 절단은 각도절단기로 2개씩 절단하는 것이 편리하다.

08_ 테이블 다리를 재단한다. 사선으로 엇갈리는 다리이므로 157mm(내각 42°를 측정한 수치) 지점을 사선으로 절단한다.

09_ 상판 받침대 100mm 지점에 다리를 고정한다.

10_ 75mm 나사못을 충전드릴로 상판 받침대와 고정한다. 상판 받침대의 윗면과 다리의 윗면이 뒤틀리지 않도록 주의한다.

11_ 뒷면 다리도 같은 방식으로 고정한다.

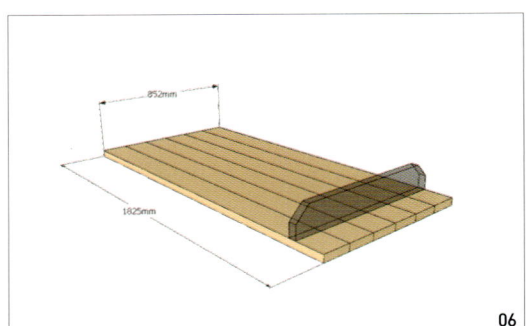
06

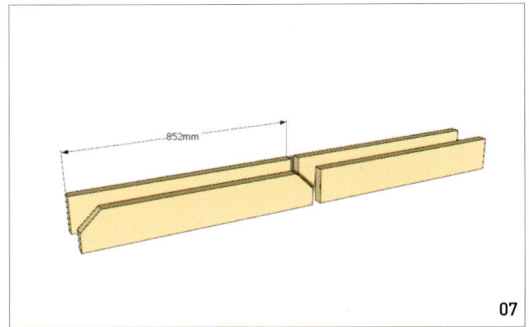
07

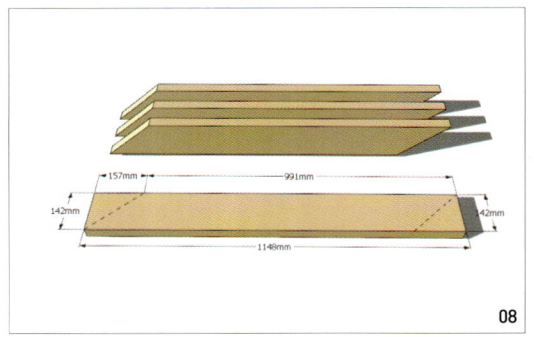
08

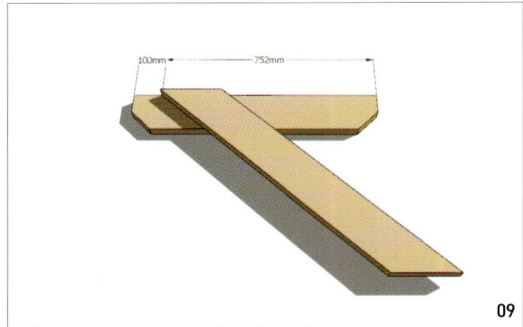
09

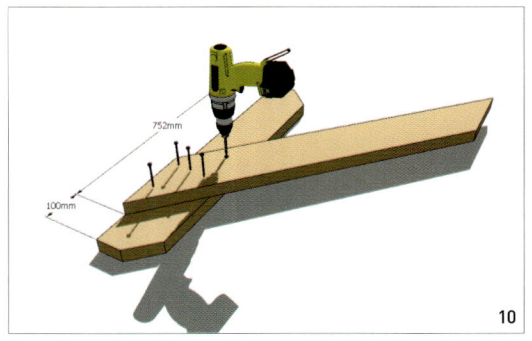
10

11

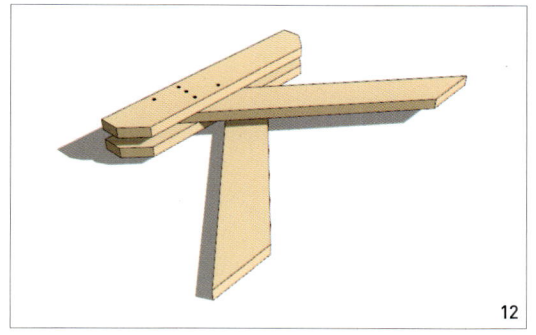
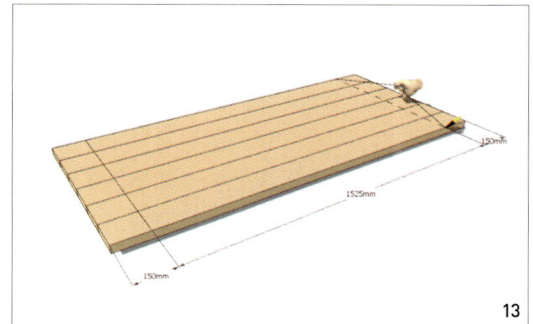

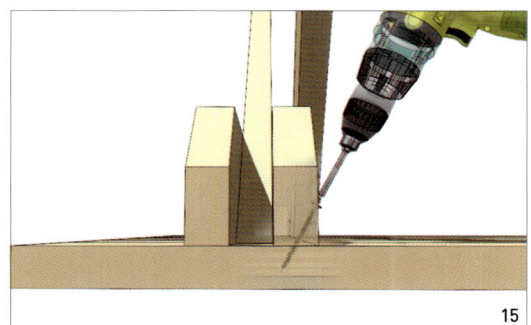
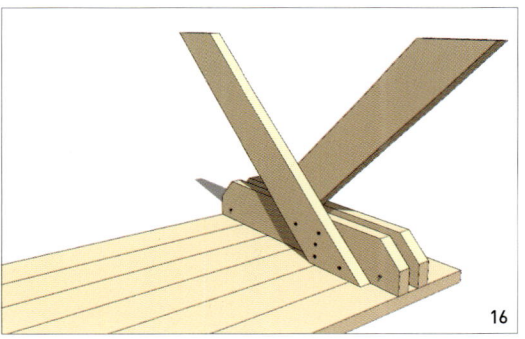

**12_** 상판 받침대를 덧대어 고정한다. 이와 같이 다리를 1개 더 만든다.

**13_** 상판에 150mm를 기준으로 하여 표시한다. 이 기준선이 다리를 고정할 선이다. 먹통이 있으면 먹선으로 표기하는 것이 효과적이다. 현재 상판은 아랫부분이므로 방부목의 온전한 면이 밑을 향하도록 한다.

**14_** 앞서 그어놓은 먹선에 맞추어 다리를 상판에 올리고 상판과 다리를 결합한다.

**15_** 상판과 다리를 결합을 할 때 75mm 못이 받침대와 상판을 충분히 고정할 수 있도록 박아준다. 상판 반대 표면에 나사가 튀어나오지 않도록 주의한다.

**16_** 상판에 다리가 고정된 모습.

**17_** 상판을 돌린다.

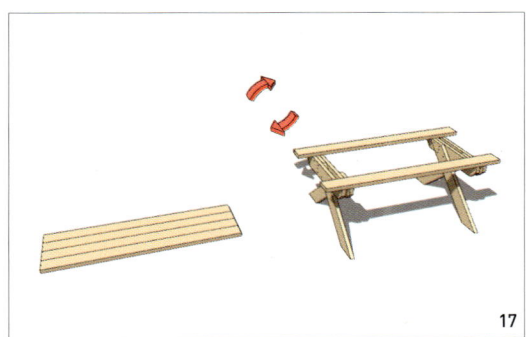

Part 1 | 데크 디자인, 공사를 위한 준비  059

**18, 19_** 고정되지 않은 상판을 마저 올리고 받침대의 중심선을 맞추어 상판에 먹선을 그어준다.

**20_** 먹선에 맞추어 상판을 나사로 고정한다. 각 상판의 끝 면이 뒤틀리지 않도록 주의한다.

**21_** 단단히 고정 후 다시 돌린다.

**22_** 1,728mm 의자 받침대를 설치한다. 상판으로부터 300mm가 띄워져야 하며 받침대 양쪽의 길이 분배가 고루 되도록 중심선을 잘 맞춘다.

**23_** 의자 받침대를 고정한다. 미관상 안쪽 부분에 나사못을 조여 준다.

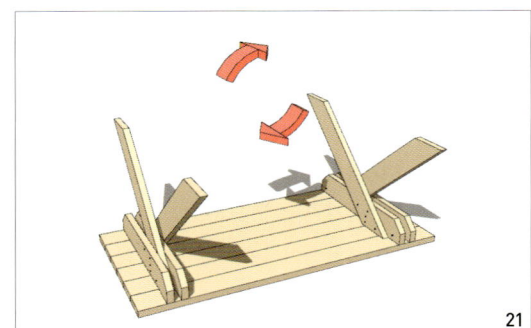

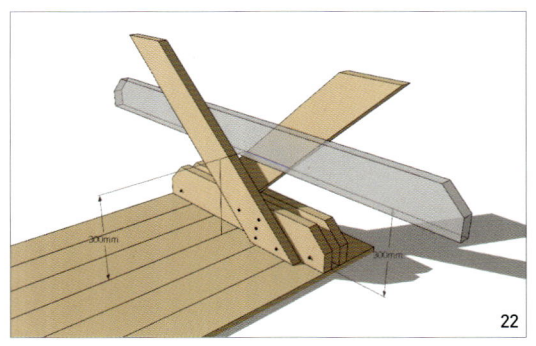

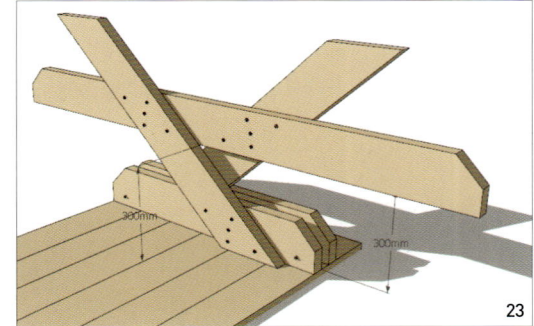

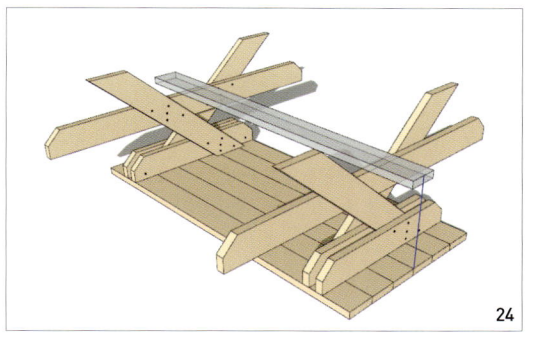
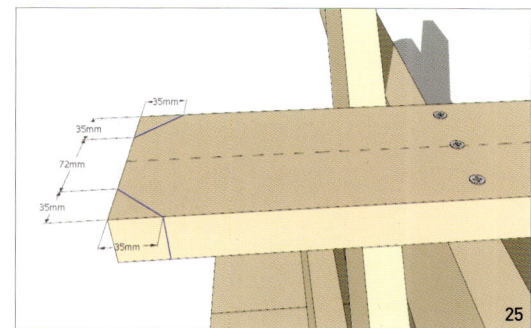

**24_** 의자 받침대를 두 곳 모두 고정하고 나서 재단한 파라솔 지지판을 설치한다. 좌우 상하로 중심선을 잘 맞추도록 한다.

**25_** 나사로 고정한 후 양쪽 모서리 35mm 지점의 대각선을 표시한다.

**26_** 부재를 각개 절단할 시에는 원형톱을 사용한다.

**27_** 모서리 절단 후 구멍 뚫는 드릴로 부재의 중심에 파라솔 파이프 구멍을 뚫어준다.

**28_** 다시 뒤집어서 파라솔 지지판의 구멍과 수직이 되도록 상판 구멍을 뚫어준다.

**29_** 앞서 재단한 의자용 상판을 놓고 중심선을 맞추어 의자 고정판을 덧댄다. 현재 의자용 상판은 아랫면이므로 매끄럽지 않은 면을 위로 한다.

**30_** 의자용 상판을 뒤집어 의자 받침대의 중심선에 맞추어 나사못으로 고정한다.

**31_** 각 모서리 35mm 지점의 대각선을 절단하여 모가 없도록 한다.

**32_** 의자 지지용 목재(약 360mm)를 덧댄다.
목재용 오일스테인을 빈틈없이 고루 칠해준다.

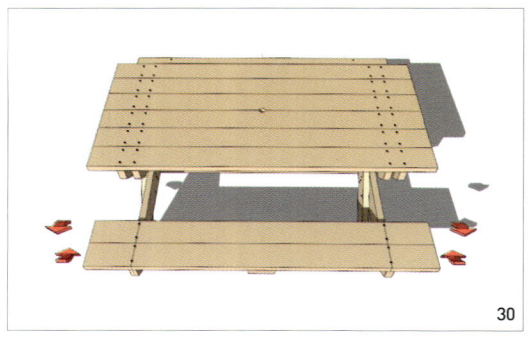

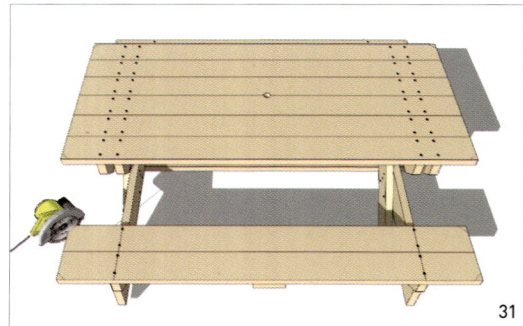

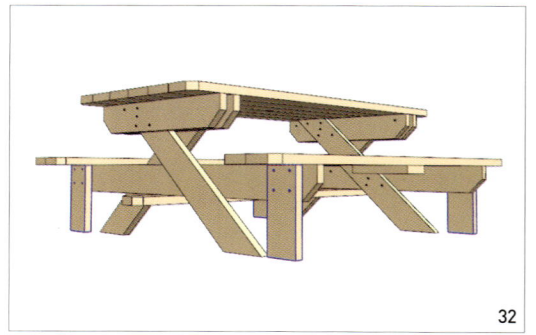

## (2) 의자 분리형 테이블 만들기

의자 분리형 야외용 테이블은 의자 일체형 야외용 테이블과 의자의 분리 여부의 차이므로 '의자 일체형 야외용 테이블'과 공정이 거의 비슷하다. 의자 제작 부분만 설명하도록 한다.

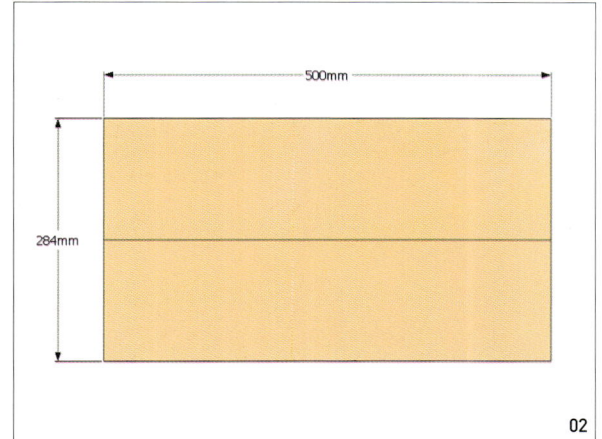

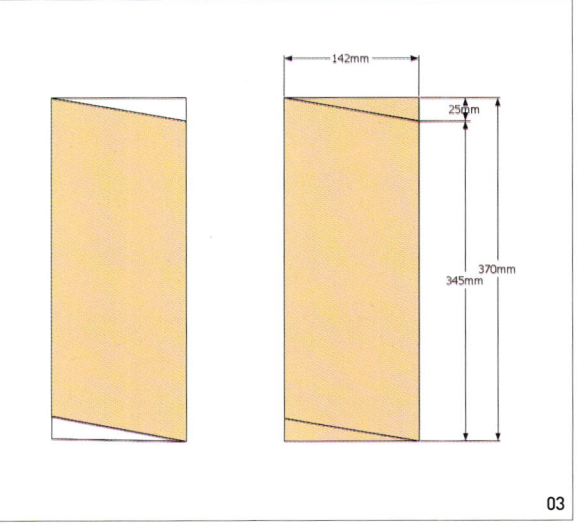

01_ 완성된 의자 분리용 테이블.
02_ 의자 깔판용으로 2″×4″ 방부목을 500mm 크기로 2개 재단한다.
03_ 의자 다리용으로 2″×4″ 방부목을 370mm 크기로 4개 재단한다. 25mm의 사선(내각 10°를 계산한 길이)을 그어주고 선을 따라 재단한다.

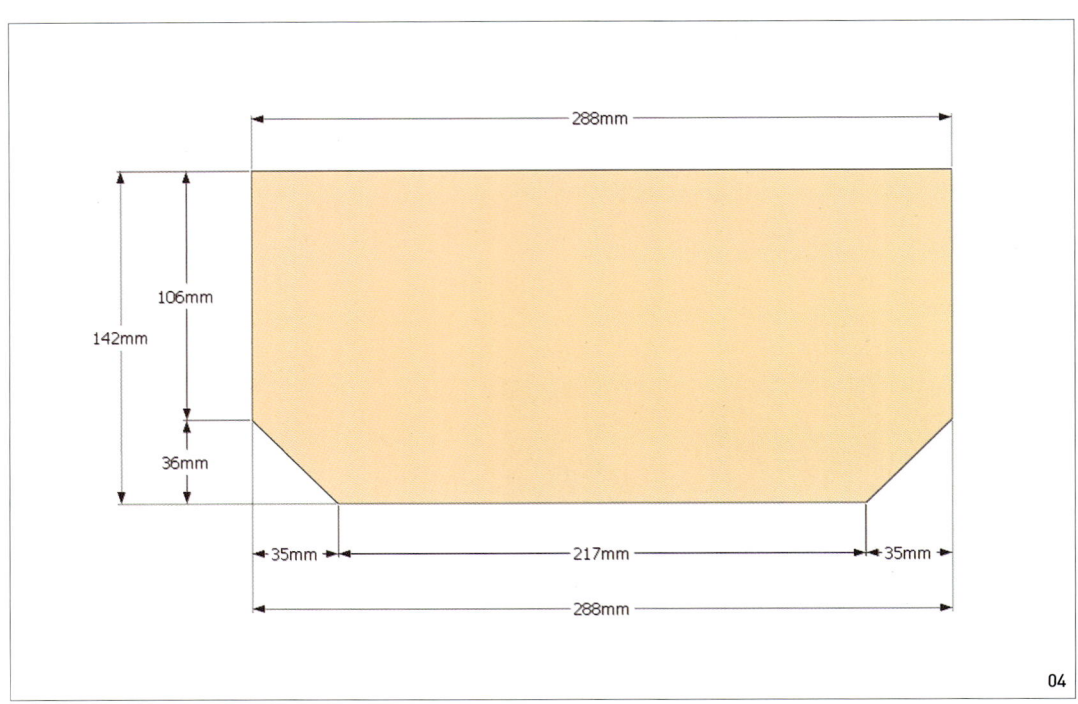

**04_** 의자 지지용 방부목을 그림의 치수와 같이 4개를 재단한다.
**05_** 다리와 지지용 방부목을 나사못으로 고정한다.
**06_** 한 겹 덧대준다.
**07_** 앞서 재단해 둔 의자 깔판용 방부목을 대고 끝에서 35mm 지점에 다리를 고정한다.

**08_** 35×35mm의 직각삼각형으로 모퉁이를 절단한다.

**09,10_** '의자 일체형 테이블 만들기' 공정에서 의자 받침대 부분이 테이블 다리 지지용을 대신한다. 재단이 어려우면 방부목을 대고 먹선을 그어 먹선을 따라 재단한다.

**11_** 미관상 안쪽 부분만 나사못으로 조인다. 나머지 공정은 '의자 일체형 테이블 만들기'의 모든 공정과 같다.

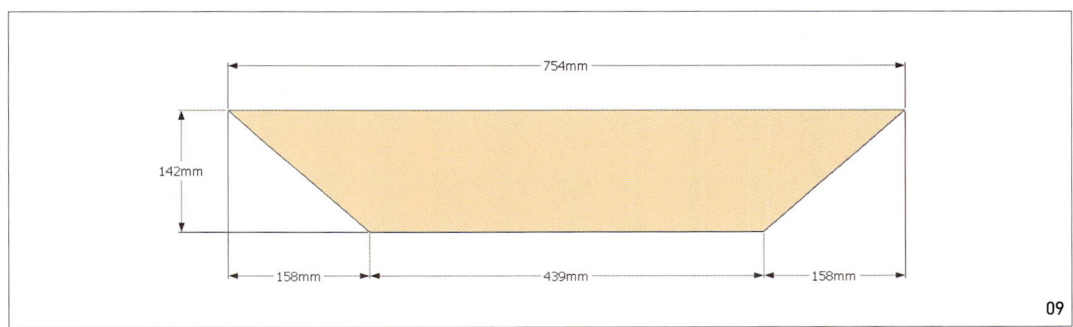

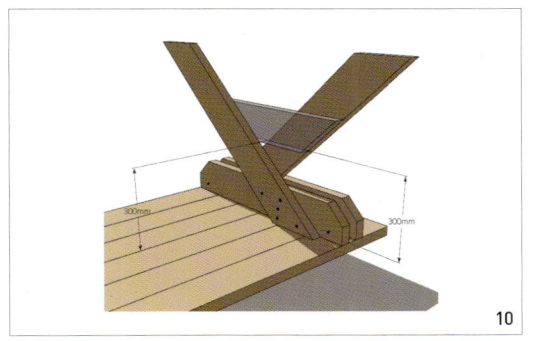

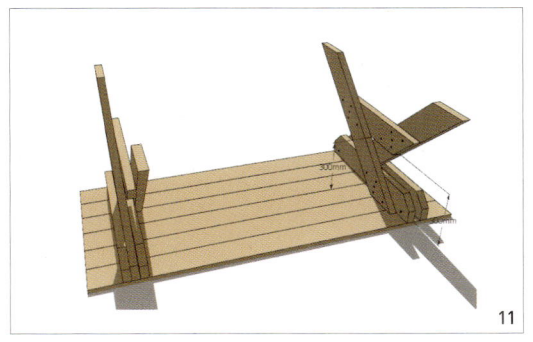

Part 1 | 데크 디자인, 공사를 위한 준비  **065**

## 5. 다양한 데크 모음

### 1) 상업공간 및 공공시설 데크 모음

데크는 건물과 시설물의 미적 가치를 높이고 실생활에서 활용 범위가 넓어 생활시설뿐만 아니라 상업시설, 공공시설까지 그 시공범위가 점차 확대되어 소규모로부터 대규모 프로젝트로 진행하는 경우가 많다. 한 예를 들면, 올림픽대로 위로 대형 데크를 덧씌워서 한강변까지 걸어 다닐 수 있게 하는 프로젝트이다. 서울시는 한강과 탄천을 포함한 잠실종합운동장 일대 94만8000㎡를 리모델링 대상으로 하여 국제공모를 진행해왔다. 잠실종합운동장 일대 도시재생 구상을 위한 국제공모 결과 '천 개의 도시 고원(A Thousand City Plateaus)'이라는 역발상부터 눈길을 끄는데, 이는 올림픽대로를 지하화 하는 대신에 거꾸로 올림픽대로 등 기존 공간 위로 대형 데크를 씌워 갖가지 시설을 갖추고 데크 하부 공간의 녹지나 기타 편의시설은 그대로 유지한다는 방식이다. 이렇듯 다양하게 발전적으로 진화하는 상업공간과 공공시설에 설치되어 있는 데크에 대해 살펴보자.

01_ **파주 프로방스마을.** 감성 있는 숍 앞의 수공간 위로 넓은 데크 다리가 놓여져 있다.
02_ **파주 프로방스마을.** 스스럼없이 자연 속에 동화되는 작은 카페를 둘러 데크를 설치하였다.
03_ **파주 프로방스마을.** 프로방스풍의 건물 전면에 데크와 차양이 설치되어 있다.

04_ **파주 프로방스마을**. 낮은 단의 데크를 놓아 접근이 쉽다.
05_ **파주 프로방스마을**. 주차건물 옥상에서 목구조물 사이로 내려다본 프로방스 마을의 풍경이다.
06_ **파주 프로방스마을**. 현무암 석재테크 위에 자리한 의자 일체형 테이블과 파라솔이 시선을 끈다.
07_ **파주 프로방스마을**. 건물 중앙의 중정에 데크를 깔아 휴식공간으로 활용하고 있다.
08_ **강남 현대백화점 무역센터점**. 인공으로 만든 개울 옆으로 수생식물인 속새가 자라고, 생울타리로 차폐된 독립공간의 낮은 데크 위에 콘크리트 벤치가 놓여 있다.
09_ **강남 현대백화점 무역센터점**. 멀티플렉스 공간으로 변화하고 있는 백화점 옥상에 넓은 데크를 설치해 조성한 현대적인 감각의 말쑥한 정원이다.

10_ **강남 호텔프리마.** 넓은 데크를 설치한 테라스로 실용적인 다용도 공간 활용이 가능하다.
11_ **강남 호텔프리마.** 호텔프리마 6층에 위치한 노블레스는 조경설계로 심리적인 안정감을 끌어내었다.
12, 14_ **제주 대명리조트 티에라.** 호화유람선의 데크를 연상케 하는 데크로 멋진 바다 전망과 함께 해산물 바비큐를 즐길 수 있는 공간이다.
13_ **강남 호텔프리마.** 정원 가운데에 롤잔디가 촘촘히 깔려 있다. 잔디 외곽을 따라 만든 데크 길 뒤로 조경물을 배치하고 낮은 수목을 심어 조성한 테라스정원이다.
15_ **제주 대명리조트 모닥.** 야자수 나무 아래 석재데크가 넓게 깔려있고 음악과 분수가 사람의 이목을 끄는 이국적인 곳이다.

16_ **제주 대명리조트 모닥.** 석재데크 모퉁이에 모닥불을 피울 수 있는 공간이 마련되어 있다.

17_ **제주 대명리조트 모닥.** 현무암과 자연석을 이용한 어프로치로 제주만의 특색을 잘 표현하고 있다.

18, 19_ **홍천 소노펠리체 컨트리클럽.** 세계적인 건축가 다비드 피에르 잘리콩을 만날 수 있는 하늘과 맞닿은 정상의 클럽하우스 전면에는 의자 일체형 테이블을 설치하고, 투명한 천장이 있는 데크를 깔아 휴식할 수 있게 하였다.

20_ **홍천 소노펠리체 컨트리클럽.** 골프장이 내려다보이는 리조트에 나무데크와 석재데크로 기하학적 구성을 선보인 수영장의 모습이다.

21_ **홍천 소노펠리체 컨트리클럽.** 언덕 위의 정자에 오를 수 있는 데크 길이다.

22_ **홍천 소노펠리체 컨트리클럽.** 장엄한 산 가운데에 있는 골프장과 계곡이 한눈에 펼쳐지는 곳에 평난간의 데크를 깐 정자이다.
23_ **홍천 소노펠리체.** 파3 골프장의 안내 건물에도 데크를 두르고 접이창으로 공간을 개방하여 사무실로 활용하고 있다.
24, 25_ **홍천 소노펠리체.** 데크가 있는 테라스(Terrace)에 골조 지붕으로 햇볕이나 비를 피할 수 있도록 사방이 트여 있는 파고라(Pergola)가 설치되어 있다.
26_ **제주 성산 일출봉.** 해안 풍경의 진수를 맛볼 수 있는 유네스코 세계자연유산인 성산 일출봉의 접근로를 데크 계단으로 처리하여 자연을 그대로 보존하고 있다.
27_ **제주 성산 일출봉.** 데크 계단 표면에 미끄럼을 방지하기 위한 격자 모양의 홈이 나 있다.

28_ **제주 성산 일출봉.** 풍광이 좋은 곳에 난간을 두른 데크 전망대이다.

29, 30_ **제주 성산 일출봉.** 계단 바닥은 화산석이 깔려있고 좌·우측에는 튼실한 난간이 설치되어 있다.

31_ **제주 한화 아쿠아플라넷.** 조형적인 요소를 더한 데크는 건물과 시설물의 미적 가치를 높여주어 큰 프로젝트 규모로 진행되고 있다.

32_ **제주 한화 아쿠아플라넷.** 경사진 지형에 설치한 계단식 데크는 건축미와 함께 자연 친화적인 친근감이 묻어난다.

33_ **제주 한화 아쿠아플라넷.** 데크재를 활용한 식당 벽면의 인테리어와 데크 계단이 일체감을 이루며 독특한 구성미를 뽐낸다.

34_ **제주 한일우호연수원(구 프린스호텔).** 서귀포시는 서귀포 해안의 산호 군락지 보호 등을 위해 2003년 산책로로 친환경 데크 327m를 시설하여, 현 한국SGI 제주연수원 산책로가 걷고 싶은 산책로로 바뀌었다.

35_ **제주 한일우호연수원.** 데크를 걷다 보면 아름드리 나무와 예쁜 꽃들이 잘 가꾸어져 있어 지인들이랑 모여 앉아 이야기 꽃만으로도 힐링할 수 있는 쉼터가 곳곳에 있다.

36_ **제주 한일우호연수원.** 데크 산책로를 따라 왼쪽으로 펼쳐진 곧게 뻗은 대나무 숲과 갖가지 꽃나무들이 산책하는 발걸음을 더욱 가볍게 한다.

37_ **제주 한일우호연수원.** 서귀포 앞바다의 최고 절경을 볼 수 있는 산언덕에 자리 잡은 데크는 일출 명소는 물론 서귀포항 전체를 조망할 수 있는 곳이다.

38_ **파주 임진각 평화누리공원.** 광활한 잔디 언덕에 조성한 평화를 주제로 한 복합문화공원의 무대로 나무데크를 깔고 철제난간을 세웠다.

39_ **파주 임진각 평화누리공원.** 상업건물의 옥상에도 데크를 깔아 놓아 평화누리공원이 내려다보이는 관객석으로 손색없는 전망 좋은 곳이다.

**40_ 고양 호수공원.** 고양 600년 기념전시관 입구로 계단과 경사로를 데크로 만들어 관람객의 접근이 용이하다.
**41_ 순천 순천만 자연생태공원.** 갈대밭 사이로 데크 목교를 놓아 습지생태를 관찰할 수 있다.
**42_ 순천 순천전망대.** 세계 5대 연안습지이자 생태계의 보물이라 할 수 있는 순천만을 조망할 수 있는 전망대로 공학목재로 천체를 형상화하고 바닥은 데크로 마감하였다.

**43, 44_ 이천 덕평휴게소.** 테마공원으로 잘 꾸며진 휴게소 한쪽에는 수공간이 조성되어 있고 물 위로 데크를 띄워 고객들을 위한 휴식공간으로 활용하고 있다.
**45_ 가평 아난티클럽.** 클럽하우스에 연결된 데크로 단을 낮추어 그린과 바로 이어지도록 하였다.
**46_ 가평 아난티클럽.** 잣나무로 둘러싸인 그늘집 야외에도 데크를 설치하여 쉴 수 있는 공간을 마련하였다.
**47_ 제주 지니어스로사이.** 물, 빛, 바람, 풀, 돌 등을 추상화한 독특한 구성의 건축물로 명상을 위해 지어진 건물이다. 필로티로 띄운 건축물에서 조경을 감상할 수 있도록 석재테크로 동선을 유도한다.

48, 49_ 대전 **그린브라우니**. 계단식으로 꾸며진 넓은 테라스가 인상적인 카페로 건물의 미적 가치를 높여주고 있다.
50_ **성북구 삼청각**. 일화당 1층 테라스로 겹처마 밑에 데크를 깔고 파라솔을 설치하여 차 한 잔의 여유와 함께 한 폭의 그림 같은 북악산 산성의 경치를 감상할 수 있다.
51_ **대구 팔공산 백년찻집**. 아래 펼쳐진 풍경을 굽어볼 수 있는 데크의 탁자에 앉아 있으면 어느새 풍경의 중심이 된다.
52, 53_ **양평 원현주택**. 남한강이 바로 내려다보이는 곳에 데크를 깔고 데크재로 벽을 두른 말끔한 옥상정원이다.

**54_ 북촌마을 보헌빌딩.** 빌딩 숲 속 지하 1층의 넓은 공간에 조성된 도심 속 대나무 숲길이다. 데크 길을 사이에 두고 양쪽에 음지식물인 맥문동, 무늬비비추, 무늬둥글레, 고비 등이 자라고 있다.

**55, 56_ 강화 한수그린텍.** 나무블록 데크가 놓여있는 서정적인 분위기의 정원으로 바닥과 보도경계를 목재로 하여 부드럽고 따듯한 느낌이다.

㈜좋은집좋은나무 자료제공_T.02_574_0337

**57, 58, 59, 60_** 고열처리 한 NOVA WOOD로 가장 큰 장점은 100% 천연소재이면서 어떤 기후 환경에서도 사용할 수 있다는 점이다. 고열처리 과정을 거쳐 확보된 안정성과 내구성은 건물 외벽체, 수영장, 교각, 테라스, 발코니, 카페, 식당, 공원, 정원, 산책로, 조경 등의 여러 방면에서 사용될 수 있는 이상적인 자재이다. 색소와 자외선차단제가 첨가된 기름을 주기적으로 발라주면 목재의 변색을 지연시키며 수명을 대폭 증대시킨다.

## 2) 전원주택 데크 모음

주택 내부의 생활공간과 외부의 자연공간을 연결하는 데크는 자연을 동경하는 도시인에겐 갖고 싶은 대상이다. 틀에 박힌 발코니가 딸린 아파트 생활에 익숙해져 있는 현대인에게 어쩌면 당연한 이야기인지도 모른다. 아파트는 면적이 제한적이라 표현하고자 하는 공간연출이 어렵지만, 단독주택인 전원주택은 상대적인 여유 공간이 있는 편이라 데크를 잘만 활용하면 주택의 의장적 완성도를 높임은 물론, 여유로운 생활공간까지 확보할 수 있어 주택의 가치를 높이는 데 한몫을 한다. 이런 데크의 중요성만큼 옥외공간을 차지하는 하나의 구성요소로써 디자인이나 소재도 무척 다양해졌다. 설치장소에 따라 다양하게 연출되는 데크는 주택정원 데크, 옥상정원 데크, 또는 풀장에 딸려 기능성을 겸비한 데크 등 그 설치 범위가 매우 넓다. 이처럼 데크는 주택 외부의 디자인적인 측면도 중요하지만, 현실적으로 좁은 면적을 효율적으로 넓게 활용할 수 있다는 공간적인 측면에서 더 큰 공감을 얻는다. 다양한 전원주택 사례를 통해 집집마다 놓여 있는 각기 다른 데크의 디자인과 쓰임에 대해 살펴보자.

01, 02_ **가평 상동리주택**. 난간 없는 데크와 넓은 정원의 잔디밭은 옥외쉼터를 제공함은 물론 작은 음악회를 열 수 있는 무대로 활용하고 있다.
03_ **가평 상동리주택**. 넓은 데크 오른쪽 바람길에 철재로 만든 반영구적인 팔각정이 있다.
04_ **가평 상동리주택**. 라운드형 데크와 출입구 사이의 동선에 직사각형 판석이 놓여 있다.

05, 06_ **용인 추계리주택.** 집으로 올라가는 계단과 데크 옆으로 둔덕을 만들고 데크와 어울리는 키 작은 야생화들을 식재하여 시각적인 안정감과 편안함이 있다.
07_ **옥천 킹스우드.** 결혼식을 할 수 있는 잔디광장을 중심으로 무대공연장과 시설물들을 배치한 곳에 데크를 깔았다.
08, 09_ **옥천 킹스우드.** 생태환경을 관찰할 수 있는 데크 길을 만들어 조경의 한 요소로 활용하였다.
10_ **양평 포레스트힐 22호.** 잘 짜여진 전원주택의 데크는 주변 자연환경과 더불어 한층 더 생활의 여유와 낭만을 갖게 하는 감성적인 공간이 된다.

11, 12_ **남양주 외방리주택.** 싱그럽고 풍성한 자연을 편안하게 감상할 수 있는 곳에 데크를 설치하고 둔덕을 만들어 키 작은 소나무를 심었다.

13_ **남양주 외방리주택.** 햇빛이 좋고 통풍이 잘 되는 베란다 바닥에 데크를 깔고 천장은 폴리카보네이트 차양으로 처마를 덧대어 툇마루 형태의 공간을 만들었다.

14_ **일산 정발산동 L씨댁.** 파고라가 있는 데크 옆으로 조그만 데크를 달아내어 장독대로 활용하고 있다.

15_ **평창 루피나의 정원 펜션.** 필로티로 띄워 만든 넓은 데크 로비를 중심으로 각 실로 연결되는 동선에 데크를 설치하였다.

16_ **평창 운교리주택.** 주변의 풍광을 멀리까지 시원스레 내려다볼 수 있는 전면에 넓은 데크를 설치하고 하단은 래티스로 깔끔하게 마감하였다.
17_ **양평 단월면주택.** 횡축으로 데크를 깔고 내부의 직접적인 노출을 차단하기 위해 빗살무늬 트랠리스를 설치하였다.
18_ **일산 정발산동 S씨댁.** 정원 한쪽에 데크를 만들어 휴게공간, 장독대 등 다용도로 활용하며 실내와 정원을 자연스럽게 연결한다.
19_ **양평 석장리주택.** 거실 앞에 설치한 단조난간을 두른 데크로 두 방향에 낮은 계단을 두어 접근하기 편리하게 하였다.
20_ **횡성 클럽디아뜨.** 층층이 이어지는 계단 모양으로 후퇴하면서 아래층의 옥상을 위층의 데크로 이용하는 테라스하우스의 옥상 데크이다.
21_ **양평 용천리주택.** 전면에 철제난간의 데크를 설치한 컨테이너 주택이다.

22

23

24

25

26

27

22_ **당진 대합덕리주택.** 정원에서 계단을 오르면 횡으로 동선을 이어주는 넓은 데크가 놓여 있다.
23_ **대천 통나무하트펜션.** 바다의 시원한 풍광이 한눈에 들어오는 목조주택 전면에 넓은 데크를 설치하였다.
24, 25_ **대천 로글리통나무펜션리조트.** 자연미가 있는 수공식 통나무주택에도 난간을 두른 데크를 설치하였다.
26_ **용인 고기리한옥.** 겹처마의 신한옥으로 현관부에 포치 형태의 데크 공간을 마련하고 각재로 난간을 구성하였다.
27_ **양평 오빈리주택.** 경사진 땅 때문에 조경석으로 옹벽을 쌓아 기초를 높이고, 그 위에 집을 지었다.
거실 앞 데크에서 남한강과 양평대교를 한눈에 조망할 수 있는 곳이다.

28_ **홍천 광암리주택.** 다양한 매스로 이루어진 건물 옆으로 데크 길을 내고
난간 색상을 밝고 화사하게 연출하여 산뜻한 분위기의 색다른 데크다.
29_ **일산 성석동주택.** 일자로 시원스럽게 길게 뻗은 데크는 발아래 펼쳐진 목가적인
전원풍경을 한 눈에 감상할 수 있는 훌륭한 전망대다.

30_ **광주 능평리주택**. 현관 데크에서 포치 사이로 바라본 정원의 모습.
31_ **광주 능평리주택**. 데크 난간에 화분을 올려놓거나 화분걸이를 이용해 싱그럽고 아름답게 데크를 꾸밀 수 있다.
32_ **김포 용강리주택**. 스카이라인이 보이는 정원 데크로 주택의 외관을 돋보이게 하는 하나의 중요한 요소이다.

33_ **양평 원현주택.** 현대적인 느낌의 콘크리트 테이블과 화분을 놓아 꾸민 데크다.
34_ **양평 포레스트힐 19호.** 구릉지에 조성된 전원주택 단지의 특성을 살려 필로티로 띄운 데크를 설치하여 조망감을 높였다.
35_ **일산 성석동주택.** 관상 가치가 있는 조형소나무를 포인트로 심어 데크의 투박함을 보완하고 흙으로 둔덕을 만들어 데크 앞에 작은 화단을 조성하였다.
36_ **동해 평릉동주택.** 판재를 조각하여 디자인적인 감각을 살린 데크 난간이다.
37_ **강화 인산리주택.** 넓은 데크에 온실을 만들고 난간대는 넓혀 화분대로 활용하고 있다.
38_ **용인 추계리 G씨댁.** 데크에 X자 형태의 평난간을 설치하고 하부는 래티스로 깔끔하게 마감하였다.

# How to make DECK

# PART .2

## 데크 만들기 시공과정

**01.** 횡성 삼배리주택   88p
**02.** 양평 봉상리주택   108p

현관을 포함하여 주택 전면에 횡으로 긴 데크를 설치해 주택에 안정감을 실었다.

횡성 삼배리주택 데크 시공과정

# 심산深山의 집에 놓은 전망 좋은 데크

**위치**_강원도 횡성군 공근면 삼배리
**건축형태**_경량목구조, 기둥·보 구조 혼용
**대지면적**_996㎡(301.29py)
**건축면적**_146.48㎡(44.31py)
**데크면적**_48.42㎡(14.65py)
**데크설계·시공**_아스카건설

집을 짓고 꾸미는데 있어서 가장 주안점을 둔 것은 안주인의 건강이었다. 신선이나 살 법한 심산의 팔부능선에 집을 짓고 데크와 발코니를 설치하여 항상 휴양림에 와 있는 듯한 휴식공간을 마련하였다. 내부도 건강을 위해 기둥·보 중목구조로 결정하여 일본에서 수입한 히노키(편백나무)와 스기(삼나무)를 사용하고, 벽과 천장은 규조토와 무절편백루버로 마감해 실내에서도 늘 쾌적한 공기를 마시며 편백 향을 즐길 수 있다. 주택 외관은 웨스턴 베벨시다 위를 친환경 오일스테인으로 마감하고 현관을 포함한 주택 전면에 횡으로 긴 데크를 설치해 안정감을 실었다. 실생활에서 가장 많은 시간을 보내는 거실과 부엌, 식당은 조망하기 좋은 곳에 배치하고 앞에 데크를 설치해 동선을 자연스럽게 연결하였다. 최근 데크재로 화학처리를 하지 않은 천연방부목재인 방킬라이, 멀바우, 말라스, 이페 등을 사용하는 예가 늘고 있는 데, 이 집 역시 건강을 위해 이페를 사용한 천연 목재데크를 설치하였다.

01_ 데크재로 화학처리를 하지 않은 천연 방부목재인 이페를 사용하였다.
02_ 심산深山에 지은 집에 데크와 발코니를 설치해 항상 휴양림에 와 있는 듯한 휴식공간을 마련하였다.
03_ 거실과 식당을 조망하기 좋은 전면에 배치하고 앞에 데크를 설치해 동선이 이어지도록 하였다.

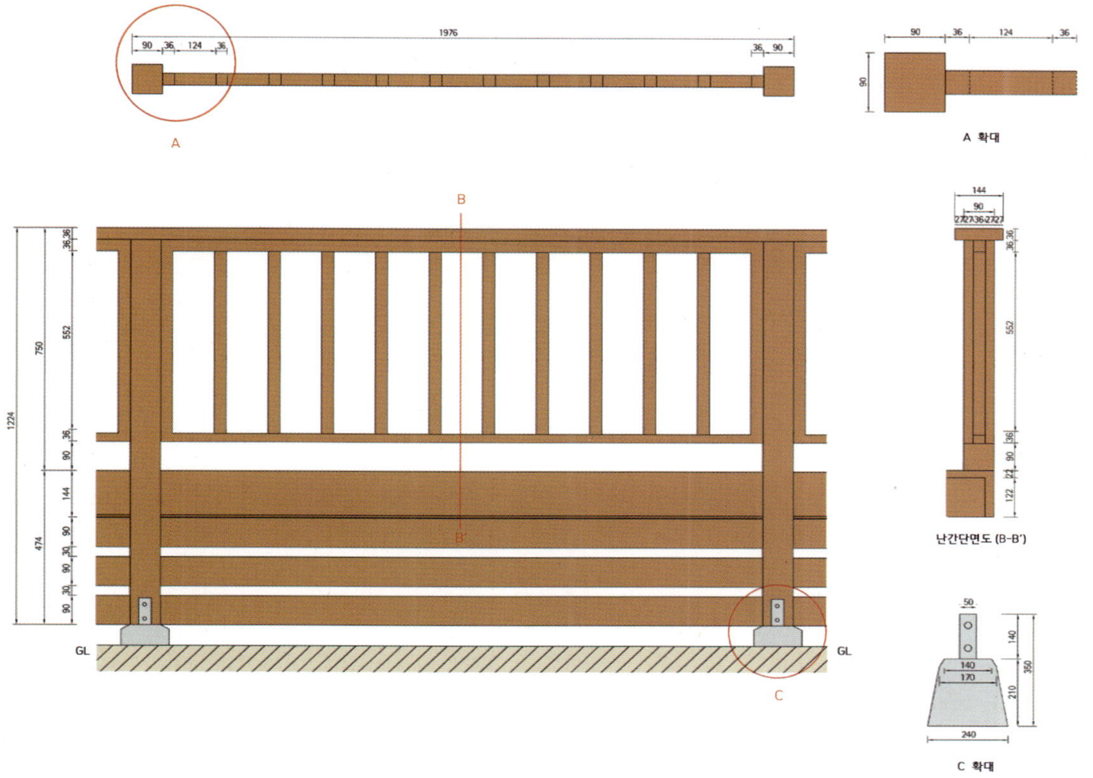

데크 난간 상세도

데크가 있는 1층 평면도

04_ 주택 전면에 설치한 데크 한쪽에 안주인의 정성이 담겨 있는 장독이 놓여 있다.
05_ 2층에 설치한 베란다는 조망을 만끽할 수 있는 전망대이다.
06_ 출입구에서부터 전면에 설치한 데크까지 하나의 동선으로 이어진다.

**07**_ 2층 발코니에서 내려다본 시원스럽고 길게 뻗은 데크 모습.
**08**_ 천장과 벽체 하단부는 원목루버를 두루 사용해 나무의 자연스러움을 살리고, 벽은 흰색의 규조토로 깔끔하게 처리하였다.
**09**_ 2층 지붕선까지 탁 트인 오픈천장은 거실에 시원한 공간감을 부여해 준다.

## 데크 만들기 시공과정

천연 방부목재인 이페를 사용한 사례로, 수평잡기, 기초 벽에 받침목 대고 장선 설치하기, 멍에 걸어주기, 상판 깔기, 기초 하기, 기둥 세우기, 계단 만들기, 난간 만들기, 베란다 설치 등 공정별 상세이미지를 진행 순서에 따라 자세히 살펴 보자.

001_ 작업 동선을 고려하여 작업하기 편리한 곳에 자재를 적재한다.
002_ 데크의 터잡기 요령 중 한 가지 중요한 것은 마당의 평균높이보다 10㎝ 이상 높이는 것이다. 데크 하부에 물이 고여 습해지면 어떤 건축재료도 오래 견디지 못한다.
003_ 땅을 고를 때 요령은 물고임을 막기 위해 안쪽을 조금 높게 하는 것이 좋다.
004_ 마감을 위해 장선 받침목을 부착할 부분에 먹줄을 놓는다.
005, 006_ 먹선을 기준으로 필요한 부재의 길이를 잰다.
007_ 슬라이딩 스킬로 절단하기 전에 줄자로 길이를 표시해 놓는다.
008_ 표시대로 절단한다.
009_ 앵커볼트를 박기 위해 방부목에 1m 간격으로 표시한다.
010_ 앵커볼트의 지름보다 2~3mm 크게 구멍을 뚫는다.
011_ 볼트 구멍이 뚫린 모양.

012_ 앵커볼트 구멍을 뚫는다.
013_ 장선 받침목(방부목 2×6)을 고정하기 위해 먹선에 맞춘다.
014_ 에어건을 이용하여 콘크리트 전용 못으로 부재를 임시 고정한다.
015_ 앵커볼트의 크기에 맞는 해머드릴 날을 장착하여 타공한다.
016_ 앵커볼트의 길이에 맞추기 위해 깊이 가이드를 달고 타공한다.
017_ 앵커볼트를 구멍 깊이 삽입한다.
018_ 장선 받침목을 앵커볼트로 단단히 고정한 후 너트로 기초콘크리트 면에 단단하게 고정한다.
019_ 지름 12mm에 100mm 길이의 세트앵커볼트.
020_ 세트앵커볼트를 분해한 상세.
021, 022_ 기초콘크리트에 세트앵커볼트로 장선 받침목을 결합한 모습.
023_ 건물의 돌출부위를 표시한다.
024_ 표시한 돌출부위를 약간 여유 있게 따낸다.
025_ 상판을 깔기 위한 장선(Joist)의 상부 선을 맞추기 위해 수평을 잡는다.

Part 2 | 데크 만들기 시공과정    095

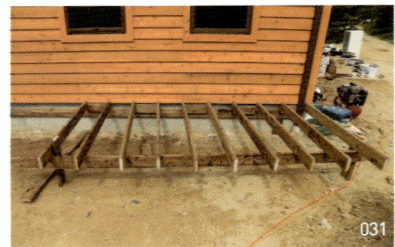

026_ 상판을 깔기 위한 장선(Joist)의 상부 선을 맞추기 위해 수평을 잡는다.
027_ 돌출부위의 따짐과 상판을 깔기 위해 장선(Joist)을 고정한 모습.
028_ 수평대로 상판을 깔기 위한 장선의 수평을 측정하여 에어건으로 임시 고정한다.
029_ 장선(Joist)을 16인치(407mm) 간격으로 배치한다.
030, 031_ 상판을 깔기 위한 장선(Joist)이 좌우로 넘어지지 않고 연결 못을 고정하기 쉽게 장선 사이에 블로킹을 댄다.
032_ 블로킹을 댄 상세 모습.
033_ 블로킹으로 고정한 연속한 장선(Joist) 끝을 수평대로 세로의 수평을 유지하면, 길게 가로로 댄 멍에(Beam-Joist) 받침목의 수평이 잡힌다.
034, 035_ 멍에(Beam-Joist)에 표시한 장선의 간격을 유지하고 전면부를 고정하기 전에 코너의 각이 90°가 되는지 확인한다.
036_ 데크가 직사각형이기 때문에 대각선 길이가 같으면 직각인 90°가 된다.
037_ 스틸 T자를 이용하여 직각을 재확인한다.
038_ 돌출 부위를 절단하기 위하여 부재에 수직선을 표시한다.
039_ 돌출 부위를 원형톱이나 손톱으로 잘라낸다.

040_ 테두리장선을 설치하기 전 일정하게 16인치(407mm) 간격을 표시한다.
041_ 삼각자나 평평한 막대기를 이용하여 장선(Joist)과 테두리장선의 높이를 같게 한다.
042, 043_ 간격 표시된 테두리장선을 아연못으로 고정한다.
　　　　 고정 시 2×6방부목 단면의 상하에 2곳 이상을 에어건으로 고정한다.
044_ 직사각형의 직각이 맞는지 재확인한다.
045_ 직각이 흐트러지지 않도록 가세로 고정한다.
046_ 데크를 시공할 나머지 부분도 같은 방법으로 장선을 고정할 장선 받침목을 세트 앵커볼트로 고정한 후 장선(Joist)을 블로킹으로 고정하여 진행한다.
047_ 장선 받침목에 미리 표시한 대로 차례차례 블로킹을 대어준다.
048_ 모서리 부분에도 기초콘크리트 면에 바깥장선 받침목을 설치한다.
049_ 장선(Joist)을 고정함과 동시에 테두리장선을 고정하기 위해 받침대의 수평을 잡는다.
050_ 멍에(Beam-Joist)를 장선 받침대의 전면에 고정한다.
051, 052_ 장선(Joist)을 배치하고 차례로 시공한다.
053_ 측면의 전선관을 장선(Joist)에 관통시키기 위해 치수를 잰다.

Part 2 | 데크 만들기 시공과정

054, 055_ 에어건으로 임시 고정 후 세트앵커볼트 구멍을 타공한다.
056_ 세트앵커볼트를 구멍에 두들겨 박는다.
057_ 장선 방향으로 댄 받침목을 세트앵커볼트와 너트로 고정한다.
058_ 튀어나온 볼트 부분을 절단한다.
059_ 전면 좌우측의 멍에를 길게 하나로 연결한다.
060_ 바깥장선을 받침목에 고정하고 멍에(Beam-Joist) 위에 얹는다.
061_ 선홈통을 감싸기 위해 덧댈 방부목 조각을 만든다.
062, 063_ 조각을 덧댄 후 고정한 모습.
064_ 장선을 깔기 위해 후면에 가로로 장선 받침목을 고정한다.
065_ 장선을 16인치(407mm) 간격으로 유지하고 블로킹으로 고정한다.
066_ 장선 돌출은 무작위로 두고 설계도면 크기에 맞춰 먹을 놓고 튀어나온 부분을 잘라낸다.
067_ 테두리장선을 설치할 때 에어건으로 아연못을 장선 단면의 상하부에 2곳 이상 박는다.

068_ 상·하의 높이 차가 있는 부분은 스피드스퀘어(삼각자) 등으로 점검해 가면서 아연못으로 고정한다.
069_ 같은 높이로 장선을 받쳐줄 받침목을 기초콘크리트에 고정한다.
070_ 데크의 중간지점 전면에 장선을 받쳐줄 받침목을 세우기 위해 장선을 길게 뽑는다.
071_ 장선의 레벨을 맞추어 멍에를 받침목에 고정한다.
072_ 길이를 확인한 후 16인치(407mm) 간격을 유지하면서 장선을 장선 고정용 블로킹으로 고정한다.
073_ 제일 긴 쪽을 기준으로 데크의 양쪽 폭에 맞추어서 테두리장선을 고정한다.
074_ 장선이 짧은 것은 남은 나무토막 부재를 연결하여 아연피스로 테두리장선에 고정한다.
075_ 장선을 토막 부재로 연결하여 완성한 모습.
076_ 전면부의 테두리장선이 일직선인지 수평이 맞는지 실을 놓아서 확인한다.
077_ 수평이 맞지 않는 부분은 쐐기를 넣어 높이를 맞춘다.
078_ 장선 길이가 긴 부분이나 특히 사람 출입이 잦은 현관, 외부 출입구 쪽은 장선의 처짐을 방지하기 위해 받침목으로 보강한다.
079_ 벽돌에 물이 고이지 않게 하고 그 위에 방부목 받침대를 놓고 장선에 고정한다.
080_ 밑에서 본 장선과 멍에를 받친 모습.
081_ 위에서 본 장선과 멍에를 받친 모습.

Part 2 | 데크 만들기 시공과정

082_ 데크의 상판 틀이 완성된 상태.
083_ 상판의 노출면 뒤쪽부터 오일스테인을 칠하여 노후화를 방지한다.
084_ 고급 상판재인 이페는 물이 묻거나 오일을 칠하면 짙은 밤나무 색이 우러나온다.
085_ 한꺼번에 오일스테인을 바르기 위해 펼쳐 놓는다.
086_ 긴 막대기가 연결된 롤러를 이용하여 오일스테인을 바른다.
087_ 직각이 틀어지지 않게 하려면 대각으로 가세를 잡는다.
088_ 상판이 연결되는 부위에는 장선을 하나 더 덧댄다.
089_ 덧댄 장선에 단 차이가 나면 상판의 단 차이로 이어지기 때문에 대패로 단을 없앤다.
090_ 단 차이가 나는지 검토한다.
091_ 상판은 바깥 쪽에서부터 벽 쪽으로 한 줄씩 작업한다.
092_ 상판재인 이페는 열대지방에서 생산되는 아주 단단한 천연방부목이다. 아연피스는 머리 부분이 함몰되지 않으면 걸리기 때문에 머리 함몰부를 카운터싱크로 사전 가공한다.
093_ 전면부 마감재(페이샤)의 틈새를 없애기 위해 고정 시 상판재를 약간 튀어나오게 한다.
094_ 미리 가공한 상판재에 임시로 피스를 약간만 고정해 둔다.
095_ 상판 첫 줄을 고정한 다음 두 번째 줄을 고정한다. 첫째 판과 둘째 판 사이는 3mm 전후로 띄운다. 이는 비가 와서 목재가 부풀면 서로 맞부딪쳐 일어나거나 물 빠짐에 방해되지 않도록 하기 위함이다.

096_ 3mm 정도 되는 정규를 만들어 일정한 간격을 유지한다.
097_ 첫판의 이음새 모양. 피스의 위치나 깊이가 가지런하여 보기 좋다.
098_ 상판은 곧지 않기 때문에 상판끼리의 간격을 일정하게 유지하는 것은 쉬운 일이 아니다. 도구를 이용하여 최대한 지렛대의 원리를 응용한다.
099_ 상판 첫판과 둘째 판의 폭이 일정해야 보기 좋게 일직선으로 보인다.
100_ 상판의 이음새가 있는 부분은 장선이 두 겹임을 알 수 있다.
101_ 테두리장선을 받칠 주춧돌 자리를 판다.
102_ 폭이 좁은 상판의 연결부와 전면으로 튀어나온 상판과 줄이 맞지 않으면 보기가 싫다. 튀어나온 부분은 좁은 상판부와 반대로 안에서 밖으로 상판을 고정해 나온다.
103_ 튀어나온 상판은 먹을 놓고 바깥장선과 나란히 절단한다.
104_ 마지막 남은 폭은 반장 정도의 상판을 켜서 고정한다.
105_ 임시로 고정한 받침 대신에 기둥을 설치하기 위하여 주춧돌 놓을 자리를 판다.
106_ 기둥을 설치하기 위하여 주춧돌을 놓는다.
107_ 목조주택 자재점에서 판매하는 4×4용 주춧돌 상세.
108_ 땅을 다져 주춧돌을 놓고 상판 마감으로부터 약 750~800mm를 측정하여 전면의 테두리장선을 걸칠 홈을 2×6의 단면에 상판의 두께를 더한 만큼 따낸다.
109_ 상판의 상부에서 남길 난간기둥의 치수를 측정한다.

**110_** 길이를 절단하여 딴 홈을 전면부 테두리장선과 상판에 망치로 두들겨 넣는다.
**111_** 아연피스를 상하로 2개 이상 박는다.
**112_** 수평대를 이용하여 전후좌우의 수직을 점검한다.
**113_** 기둥을 고정한 후 주춧돌을 흙으로 메우고 다진다.
**114, 115_** 기둥은 일정한 간격으로 세우고 1.8m가 넘지 않게 한다.
**116_** 코너 기둥은 따내는 홈이 두 방향이라 기둥이 얇아져 있으므로 조심스럽게 두들겨 박아야 한다.
**117_** 계단옆판은 2×12 방부목을 이용하여 먼저 연필로 작도한다.
**118_** 고정하면서 수직을 측정한다.

**119_** 절단작업을 한다.
**120_** 데크는 대부분 상판을 제외하고 2~3단의 계단을 설치한다.
**121_** 난간기둥 안쪽으로 계단옆판을 고정할 위치를 확인한다.
**122_** 3개의 계단 받침판을 위하여 틀 작업을 한다.
**123, 124_** 먼저 양 끝에 계단옆판을 대고 정중앙에도 하나를 부착한다.
**125_** 짠 틀을 고정한다. 고정방법은 2×6계단 상판을 놓았을 때 데크 상판에서 한 계단 밑의 높이에 계단옆판을 고정한다.
**126_** 계단 수직마감부(rise)를 먼저 한 계단 높이만큼 켜서 고정하고 2×6 2개를 고정하여 차례로 계단 상판을 완성한다.
**127_** 계단을 완성한 옆 모습.
**128, 129_** 데크 계단을 완성한 모습.
**130_** 기둥 사이에 들어갈 난간틀을 짜기 위해 부분별로 규격화한 자재를 준비한다.
**131_** 2×4를 상하에 눕히고 2×2 난간을 세운다. 2×2 난간의 간격은 대략 160mm 전후로 한다.
**132_** 계산기로 정확히 나누어 난간을 뺀 2개의 정규를 하나 만들어서 이용한다.

**133_** 난간은 2×4의 상하 정중앙에 고정한다. 두께 27mm의 정규를 만들어서 밑에 대고 난간을 고정하면 정중앙에 위치한다. 참고로 난간의 높이는, 난간기둥 높이가 750mm라고 하면 상판으로부터 띄운 90mm와 위아래의 두께 108mm를 빼면 552mm가 된다.
**134_** 정규를 대고 난간을 바짝 붙인다.
**135, 136_** 스테인리스 핀못으로 2개 이상 임시 고정한다. 나중에 아연피스로 고정한다.
**137_** 완성한 난간틀의 모습.
**138_** 아연피스로 상하를 고정하여 사람이 올라타도 빠지지 않게 한다.
**139_** 완성한 난간을 4×4로 받쳐놓고 기둥 사이에 끼워서 고정한다.
**140_** 기둥의 상부와 난간틀의 상부가 일치해야 하므로 쐐기로 높이를 조절한다.
**141_** 기둥 사이에 튼실하게 난간틀이 끼워져 있다.
**142_** 이어서 난간틀을 완성해 나간다.
**143_** 난간 손스침의 끝을 절단하여 모양을 내고 있다.
**144_** 난간 손스침을 고정하고 있다. 아연피스를 최대한 벌여서 박아야 빠지지 않는다.

145_ 연필로 직각을 표시하여 가지런히 아연피스로 고정한다.
146_ 데크의 난간을 완성한 모습.
147_ 긴 손스침을 연결한다. 45도 빗쪽매로 연결해야 수축했을 때 틈이 생기는 것을 최소화할 수 있다.
148_ 연결부 내부도 움직이지 못하도록 아연피스로 고정한다.
149_ 각진 곳까지 섬세하게 상판을 시공하였다.
150_ 에어컨 실외기의 파이프 자리를 따낸다.
151_ 빠루로 지렛대의 원리를 이용해서 틈새 없이 상판을 고정해 나간다.
152_ 2층의 베란다 데크를 시공하기 위하여 가설재를 설치한다.
153_ 벽 쪽으로 장선 받침목을 댄다.
154_ 장선틀을 고정할 받침목을 완성하였다.
155_ 장선틀을 1층에서 완성한다.
156_ 1층에서 완성한 장선틀을 여러 명이 합심하여 들어 올린다.
157_ 가설재 위에서 작업할 때는 안전이 최우선이다. 합심하여 장선틀을 고정하고 있는 모습이다.

**158_** 장선틀이 처지지 않도록 아연피스로 고정하고 장선틀 받침용 기둥의 홈파기를 위하여 틀에 대고 높이를 표시한다.
**159_** 정확한 높이는 장선틀에 수평대를 대고 측정한다.
**160_** 기둥을 고정하고 이페로 상판을 정한다.
**161_** 상판이 튀어나오는 것을 방지하기 위하여 덧댐판을 임시로 설치하고 상판을 깐다.
**162_** 이페 상판은 강도가 좋고 길이가 짧아도 쉽게 휘어지지 않는다. 차후에 시공할 부재를 뒤쪽에 깔아 놓고 지렛대의 받침 역할을 하게 한다.
**163_** 1층과 같게 난간과 손스침을 완성한다.
**164_** 이페 상판과 장선틀의 전면부는 2×8 페이샤로 마감하고 그 위의 난간기둥은 홈을 따고 고정한다.
**165_** 이페 상판의 표면에 오일스테인을 바른다.
**166, 167_** 방부액을 주입한 것이나 자연방부목 둘 다 자외선을 방지하고 수분차단 역할을 하는 오일스테인을 구석구석 발라 주어야 한다.
**168_** 오일스테인을 바른 후의 모습.

**169_** 선홈통 부분을 붓으로 꼼꼼하게 마감한다.
**170_** 외벽 접합부의 모습.
**171, 172_** 이페 상판과 전면부 테두리장선을 2×8 페이샤로 마감한다.
아연피스를 일정한 간격으로 가지런히 고정하기 위하여 카운터싱크로 먼저 피스머리를 가공하고 아연피스로 고정한다.
**173, 174_** 데크 하단부의 공간을 장식하기 위하여 기둥 옆에 1×4 하지를 고정하고 1×4 마감재 3장을 고정한다.
중앙에 1×4 받침대를 보강해 준다.
**175, 176, 177_** 잘 짜인 튼실한 난간의 구성을 보여준다.
**178_** 완성된 데크로 집의 외관이 한결 더 돋보이고 주변의 풍광과도 자연스럽게 잘 어울린다.

Part 2 | 데크 만들기 시공과정 **107**

정원과 건물을 조화롭게 배치하고 외관이 스마트한 현대적 느낌이 들도록 설계된 주택이다.

양평 봉상리주택 데크 시공과정

# 스마트한 주택의 합성목재 데크

**위치**_경기도 양평군 단월면 봉상리
**건축형태**_기둥·보 구조
**대지면적**_4,610㎡(1,394.53py)
**건축면적**_297.26㎡(89.92py)
**데크면적**_158.33㎡(47.9py)
**데크설계·시공**_아스카건설

90평(297.26㎡) 규모의 큰 건물임에도 케뮤(KMEW)세라믹을 사용한 외벽과 지붕이 스마트하고 단아한 느낌을 주는 주택으로, 외부에는 건물 주변을 둘러싼 형태의 둘레형(랩어라운드형) 데크가 설치되어 있다. 비바람을 맞으며 대부분 밖에 노출되어 있는 목재데크는 부패할 염려가 있어 일반적으로 방부액을 나무의 심재까지 주입한 목재를 많이 사용한다. 그러나 일부에서는 방부목이 건강을 해친다는 이유로 자연 방부목이나 합성목재를 사용하기도 하는데, 이는 일반 방부목보다 가격이 비싸다는 것이 단점이다. 변형에 강하고, 내구성도 좋아 친환경 건축자재로 주목받고 있는 합성목재(Wood Plastic Composite)는 목재 자원의 한계, 방부목의 유해성, 폐목재 처리 문제 등을 동시에 해결할 수 있어 그 수요가 점점 늘어나는 추세이다. 이 주택의 경우 인체에 직접적인 접촉이 없는 데크 구조재는 방부목을 사용하고 상판과 난간대, 데크널 등은 합성목재를 사용하여 기능을 보완하였다. 이외에도 건축주의 요구로 층고를 일반구조보다 30㎝ 이상 높여 짓고, 골격은 홍송 중목구조로, 내부마감은 대벽공법을 이용한 모던한 느낌의 규조토몰탈로 마감하여 깔끔하면서도 고급스러운 분위기의 주택이다.

**01_** 주 동선에 2.4m 폭의 넓은 계단을 놓았다.
**02_** 데크는 주택의 의장적 완성도를 높이면서 내·외부공간의 매개공간이자 또 하나의 독립공간으로 활용할 수 있다.
**03_** 이 건물의 상판재로 사용한 합성목재는 재활용이 가능한 친환경 제품으로 내구성이 뛰어나고 변형·변색이 없는 반영구적 자재이다.

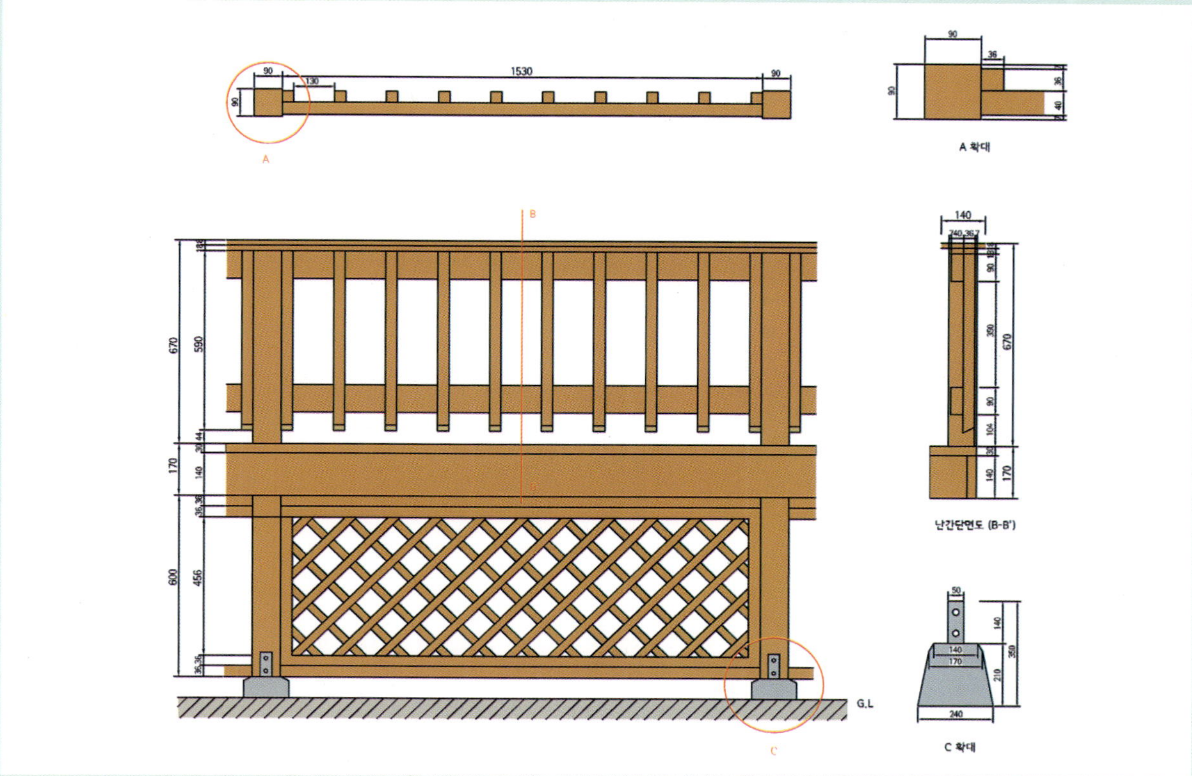

데크 난간 상세도

데크가 있는 1층 평면도

Part 2 | 데크 만들기 시공과정

04_ 데크의 하부구조로 노출되어 보기 싫은 곳은 래티스(Lattice)로 가려 마감하였다.
05_ 인체에 직접적인 접촉이 없는 데크의 구조재는 방부목을 사용하고 상판과 난간대, 데크널 등은 합성목재를 사용하여 기능을 보완하였다.
06_ 건물의 후면에도 난간 있는 데크를 설치해 접근이 쉽다.

07_ 건물의 모양을 따라 둘러싼 형태의 데크를 설치하였다.
08_ 고풍스러운 가구와 소품들이 더해져 품격있고 아늑함이 느껴지는 거실이다.
09_ 깔끔하고 세련된 느낌의 빌트인 주방. 홈바, 식탁, 조리대 등으로 다양하게 활용할 수 있는 아일랜드 테이블을 설치하였다.
10_ 갤러리 같은 복도로 만살의 중문과 화이트 톤의 아트월이 인상적이다.

# 데크 만들기 시공과정

변형이나 변색이 없는 반영구적 합성목재를 사용한 사례로 수평잡기, 장선틀 만들어 설치하기, 기초 및 기둥 세우기, 멍에 설치, 기둥 자르기, 난간 만들기, 합성목재 깔기, 계단 만들기, 래티스 설치 등 공정별 상세 이미지를 순서대로 살펴보자.

**001, 002_** 데크를 시공할 부분의 바닥은 완성된 마당 높이보다 100~200mm 정도 높게 조성하고 배수가 잘되게끔 자갈을 깐다.
**003_** 바닥의 자갈을 평평하게 고른다.
**004, 005_** 먼저 데크를 설치할 부분의 수평을 레이저 레벨기로 잡는다.
**006_** 레이저는 밝은 낮에는 잘 보이지 않으므로 특수한 방법의 수광기를 이용해 레벨기에서 나오는 선형의 빛을 포착하여 벽에 표시한다.
**007_** 여러 가지 용도로 편리한 '스피드 스케일'이라는 별명을 가진 삼각자를 이용하여 레벨이 잘 보이게끔 표시한다.
**008_** 장선틀을 부착할 지점에 세라믹사이딩이 함몰되지 않도록 뒤쪽에 5mm 두께의 철물을 대고 나사못으로 단단하게 고정한다. 철물로 고정된 세라믹사이딩 뒤쪽은 공기의 통로가 형성되어 비어 있는 상태이다.
**009_** 데크의 크기를 측정한다.
**010_** 장선틀을 구성할 2×6 부재의 길이를 12피트(366cm)로 한다.
**011_** 슬라이딩 쏘로 절단을 해야 정확한 각을 잡기 쉽다.

012_ 장선틀을 짤 위치에 부재를 옮겨 놓는다.
013_ 16인치(407㎜) 간격으로 장선을 고정한다. 휘어짐이나 직선의 상태를 살펴가며 적재적소에 맞는 부재를 사용한다.
014_ 장선 단면 한 곳에 2개 이상의 아연피스를 박는다.
015_ 바닥을 고이고 2×6 부재를 조금 들어서 총을 쏘면 편리하다.
016_ 단 차이가 나지 않도록 고정하는 것이 중요하다.
017_ 못을 박아도 횡부재와 종부재에 틈새가 생길 경우 망치로 때려서 틈새를 없앤다.
018_ 연결 부위도 간격은 일정해야 하므로 튀어나온 부분을 절단하기 위해 표시한다.
019_ 장선틀을 부착할 건물의 길이를 측정한다.
020_ 외벽 세라믹사이딩 하단에 물이 침투되는 것을 방지하는 후레싱을 설치한다.
021_ 테두리장선을 한꺼번에 짝으로 맞대어 부착시킬 위치를 표시한다.
022_ 장선의 상태를 확인하고 고정할 곳에 배치한다.
023_ 장선과 테두리장선을 고정하고 못을 박은 후 틈이 있으면 망치질로 없앤다.
024_ 연결을 고려해 테두리장선에 표시한다.
025_ 장선틀 앞뒤의 부재들을 한꺼번에 짝으로 맞대어 부착할 위치를 표시한다.

**026_** 표시한 부재에 에어건으로 아연피스를 2곳 이상 상하로 고정한다.
**027_** 테두리장선의 앞·뒤는 항상 두 겹으로 겹쳐놓고 표시하는 것이 효율적이다.
**028_** 한꺼번에 장선틀을 짜서 부착할 지점에 배치한다.
**029_** 짠 틀을 이용하여 그 위에 놓고 다음 틀을 짠다.
**030_** 부재의 길이가 한정되어 있으므로 여러 개의 틀을 짜서 이어서 연결해야 한다.
**031_** 고정할 위치에 틀을 받쳐줄 임시 받침목을 설치하고 그 위에 얹어 놓는다.
**032_** 튀어 나갈 치수를 결정하고 벽에 아연피스로 고정한다.
**033_** 세라믹사이딩은 아연피스가 잘 박힌다. 상하로 2곳 이상 고정한다.
**034_** 틀 하부에서 본 임시로 고정한 받침목의 모습.
**035_** 장선틀 위에 긴 수평대를 놓고 수평을 잡아서 임시로 고정용 기둥을 받친다.
**036_** 장선틀이 좌우로 뒤틀리지 않게 가세로 고정한다.
**037_** 각 코너에 기둥을 세우고 장선틀이 좌우로 뒤틀리지 않게 가세로 각 코너를 고정한다.
**038_** 미리 짜놓은 틀을 하나씩 연결해 나간다.

**039_** 연결 부위에 블로킹을 대고 클램프로 조여서 아연피스를 박아 연결한 모양.
**040_** 장식 세라믹사이딩 기둥이 튀어나온 만큼 방부목을 덧대 줄 바탕목을 고정한다. 하부에 틀을 받쳐줄 받침목도 고정한다.
**041_** 나머지 부분도 빠지지 않게 붙여서 고정한다.
**042, 043_** 장식 세라믹사이딩 기둥이 튀어나온 만큼 방부목을 피스로 고정하여 덧대준다.
**044_** 미리 제작해 둔 장선틀을 연결하여 고정한다.
**045_** 건물 외벽의 차가 있는 크기만큼 먼저 작은 장선틀을 부착하고 나서 큰 장선틀을 고정한다.
**046_** 미리 제작한 큰 장선틀을 하나씩 연결한다.
**047_** 각 틀마다 긴 수평대로 수평을 잡고 임시고정 기둥을 세운다.
**048_** 난간기둥은 전면부 테두리장선의 안쪽에 대고 아연피스로 고정한다.
**049_** 수평대를 이용하여 기둥의 전후좌우의 수직을 바로잡는다.
**050_** 기둥의 간격은 1,800㎜ 전후로 일정한 간격을 유지하고 장선이 닿으면 홈을 파서 고정한다.
**051_** 장선이 닿는 부위를 따낸다.

Part 2 | 데크 만들기 시공과정

052_ 장선이 닿는 부위를 따내고 난 후 면을 깔끔하게 마무리한다.
053_ 난간기둥을 세울 4×4용 주춧돌이다.
054_ 망치로 쳐서 홈 부위를 결합한다.
055, 056_ 난간기둥을 세울 자리를 정하고 주춧돌 놓을 자리를 파서 잘 다진다.
057_ 자갈이 많은 지반은 호미로 작업하는 것이 효율적이다.
058, 059_ 주춧돌도 수직과 수평이 잘 맞아야 침하가 덜 된다.
060_ 피스로 기둥과 주춧돌을 결합한 상태에서 함께 들어 내리치면서 땅을 다진다.
061_ 고정하기 전에 전후좌우의 수직을 점검한다.
062_ 수직체크 후 아연피스로 고정한다.
063_ 아연피스로 주춧돌과 기둥을 더욱 튼실하게 체결한다.
064_ 일정하게 1,800mm 간격으로 난간기둥을 설치한다.

065_ 난간기둥을 전면부 테두리 장선에 일정한 간격으로 설치하였다.
066_ 하부의 중간에 장선을 받친 멍에가 처지지 않도록 주춧돌로 받친다.
067_ 데크 전면부의 레벨을 중간 점검한다.
068_ 세라믹사이딩 벽 쪽의 처짐을 방지하기 위한 받침을 댄다.
069_ 세트앵커볼트로 기초콘크리트 벽에 방부목을 고정한다.
070_ 선홈통부 주위 부재의 결구 모습이다.
071, 072_ 하부에 장선을 받칠 멍에를 설치하기 위하여 먹을 놓는다.
073, 074, 075_ 먹선에 따라 장선을 받칠 멍에와 장선을 클램프로 조여 가며 아연피스로 고정한다.
076_ 현관 포치에 장선틀 받칠 옆판을 설치한다.
077_ 상판 마감재가 현관 문틀 밑에 끼여서 틈이 생기지 않도록 한다.
078_ 세라믹사이딩 벽 쪽의 처짐을 방지하기 위한 받침용 부재를 준비한다.

Part 2 | 데크 만들기 시공과정

079_ 기초콘크리트 벽이 외벽보다 들어가 있어서 2×6부재를 한 겹 덧대어 세트앵커볼트로 고정해야 한다. 세트앵커볼트 크기보다 조금 큰 목공용 드릴로 미리 타공한다.
080_ 장선틀을 받쳐줄 처짐 방지용 받침용 부재를 준비한다.
081_ 받침용 부재를 받쳐서 대고 콘크리트에 구멍을 뚫을 위치를 찾는다.
082_ 세트앵커볼트(12mm)와 너트, 와셔를 준비한다.
083_ 멍에를 장선 받침용 부재에 고정한다.
084, 085_ 현관 포치는 장선틀을 미리 짜서 통째로 얹지 않고 장선을 받칠 멍에를 설치하고 그 위에 장선을 하나씩 고정한다.
086_ 안쪽에서부터 차례로 장선을 고정해 나온다.
087_ 장선을 받치는 멍에의 받침목을 기둥에 수직으로 고정하였다.
088_ 장선틀을 고정할 상부의 선을 표시하기 위해 벽에 먹을 놓는다.
089_ 장선틀을 받쳐줄 받침목은 세트앵커볼트로 반드시 고정해야 한다. 임시로 고정한 부재를 장선틀로 가정하여 세트앵커볼트의 구멍을 타공한다.
090_ 세트앵커볼트의 타공은 해머드릴을 사용한다.
091_ 세트앵커볼트의 조임철물은 전용 쇠파이프를 대고 망치로 두들기면 옆으로 퍼지면서 콘크리트를 깨물어서 빠지지 않는다.
092_ 장선 받침목을 세트앵커볼트로 체결하였다. 중간 시설물은 크롤기초의 환기구이다.

093_ 미리 제작한 장선틀을 장선 받침목 위에 올릴 준비를 한다.
테두리장선을 잘라내고 물홈통 보호 장선을 대준다.
094_ 미리 제작한 장선틀을 장선 받침목 위에 올린다.
095_ 계속해서 미리 제작한 장선틀을 연결한다.
096_ 장선틀을 한 줄로 연결한 상태이다.
097_ 레벨을 측정하여 수평의 차이가 없는지 확인한다.
098_ 장선틀끼리의 연결은 테두리장선 뒤에 단목 장선을 클램프로 조여서 아연피스로 연결한다.
099_ 좌우로 실을 팽팽하게 당겨서 테두리장선의 수평과 직선 상태를 점검한다.
100_ 마당을 고를 때 데크의 바닥이 마당보다 높으면 물 빠짐이 양호하여 방부목의 수명이 오래간다.
101, 102_ 장선틀의 받침목에 세트앵커볼트 구멍을 목공용 드릴로 타공한 모습.
103_ 사이딩용 하부 후레싱에 걸려 받침이 되지 않을 경우 단목 부재를 한 겹 덧대어 받친다.
104, 105_ 세트앵커볼트의 조임철물은 전용 쇠파이프를 대고 망치로 두들기면 옆으로 퍼지면서 콘크리트를 깨물어서 빠지지 않는다. 쇠파이프 안에 볼트 머리가 들어있다.
106_ 와셔를 넣고 너트로 세트앵커볼트를 체결한다.

107_ 너트를 한 방향으로만 걸리는 깔깔이로 세트앵커볼트를 조여서 고정한다.
108_ 장선을 받칠 멍에를 클램프로 조인 상태에서 아연피스로 고정한다.
109_ 멍에를 장선에 고정한 상태를 장선 하부에서 바라본 모습.
110_ 멍에 받침목이 철물 사이에 들어가기 때문에 수직 위치가 정확해야 한다. 위치는 수평대를 이용하여 잡는다.
111_ 멍에를 받칠 주춧돌을 놓는다.
112_ 받침목(4×4)의 절반의 두께를 2×6만큼 따내고 멍에를 따낸 홈에 얹어서 고정한다.
113_ 주춧돌은 같은 방법으로 한꺼번에 자리를 잡는다.
114_ 멍에를 얹을 부위를 절단해 낸다.
115_ 2×6만큼 절단하여 올려놓은 모습.
116_ 주춧돌에 끼워 넣고 못으로 고정한다.
117_ 받침목과 주춧돌을 아연피스로 고정한다.
118_ 멍에를 고정한 상태를 하부에서 본 모양.
119_ 테두리장선의 수직을 확인 후 받침목을 아연 못으로 고정한다.

120_ 받침목을 테두리장선에 아연피스로 고정한다.
121_ 상판을 시공하기 전에 난간기둥을 일정한 높이(634mm)로 잘라낸다.
   잘라내기 전에 실을 탱탱하게 당겨서 수평을 확실하게 표시한다.
122, 123_ 스피드스퀘어를 이용하여 한 바퀴 표시한다.
124, 125_ 단 차이가 생기면 깔끔한 마감이 나오지 않으므로 날의 깊이가 4×4보다
   한 치수 큰 마이터쏘를 이용하여 한방에 난간기둥을 절단한다.
126_ 마이터쏘가 움직이지 않게 확실하게 고정한 상태에서 절단한다.
127_ 보통 부재를 수평으로 놓고 절단하는 데 특별히 세워서 절단하는 형식의
   커팅 방법이다.
128_ 기둥을 효율적으로 한 번에 절단하고 상판을 고정하기 전에 오일스테인을 칠한다.
   상판재가 오일스테인을 칠할 필요가 없는 합성목재라 나중에 칠하면 상판에 묻어
   더러워질 염려가 있으므로 미리 칠한다.
129_ 난간기둥에 오일스테인을 칠한 모습.
130_ 데크 난간의 난간살(소동자)은 2×2방부목을 일정한 길이(590mm)로 잘라서
   카운터싱크로 피스 체결할 자리를 미리 가공해 둔다.
131_ 난간기둥 사이를 전체적으로 일정하게 해두었기 때문에 난간틀 하나만 만들면
   다음은 반복 가공으로 시공 속도를 낼 수 있다.
132, 133_ 상하 난간을 합쳐서 전체의 길이 중 소동자 사이가 100mm가 넘지 않게 분할
   표시하고, 상부의 난간에 끝을 맞추어 아연피스로 고정한다. 일정한 규격의 반복
   작업이기 때문에 정규를 만들어 가공하면 편리하다.

134_ 난간기둥의 상부 끝 선에 맞추어 난간틀과 기둥 사이에 틈새가 없도록 끼운다.
135_ 난간기둥과 접한 좌·우측의 소동자 상하를 아연피스로 고정한다.
136_ 난간 상부에 2×4 가드레일을 아연피스로 고정한다.
137_ 상판재는 25×150×1800mm 크기의 합성목재가 준비되어 있다.
참고로 합성목재(WOOD PLASTIC COMPOSITE)란? 목분에 PP, PE와 같은 올레핀계 화학수지를 결합한 것으로, 기존 목재의 장점을 유지하며 목재와 플라스틱의 단점을 보완한 제품으로 널리 사용되고 있다. 규격은 25×150×2400mm로 부재 사이에 구멍이 있는 중공타입과 꽉 찬 솔리드타입이 있다.
138_ 합성목재는 표면에 나무 무늬결이 있는 것으로 결정하고 줄 형태로 여러 줄이 파진 표면은 바닥 밑으로 가도록 하였다.
139_ 필요한 길이를 슬라이딩 쏘로 절단한다.
140_ 슬라이딩 쏘로 길이를 절단할 때 클램프를 이용하여 지그를 만들면 같은 길이를 반복해서 절단하는 데 효율적이다.
141_ 부재의 안쪽이 비어있는 중공타입의 합성목재로 표면을 무늬결이 있는 것으로 결정하였다.
142_ 상판 첫 장에 난간기둥을 끼워 넣기 위해 따낼 구멍 위치를 표시하고 있다.
143_ 따낼 부분의 반대편을 원형톱으로 표시한 선을 따라 절단한다.
144_ 직소기를 이용해 표면부의 나머지 부분을 따낸다.
145_ 직소기로 따낸 모양.
146_ 부재의 수평을 유지하면서 깨지지 않도록 조심스럽게 고무망치로 끼워 넣는다.

147_ 우측부터 차례로 첫째 줄 상판을 고정해 나간다.
148_ 상판과 상판을 조이스트로 연결한다.
149_ 상판을 조이스트로 고정한다.
150_ 끝 마구리는 수축팽창 완충재인 캡을 끼워 넣는다.
151_ 상판의 이음은 같은 2,400mm 길이의 부재가 반복해서 고정되기 때문에 16피트 (407mm) 간격으로 어긋나게 고정하여 계단식으로 이음을 마감한다.
152_ 153_ 난간기둥 둘레도 빠짐없이 고정해야 처짐이 없다.
154_ 테두리장선의 이음새는 장선과 장선의 중간이 좋다. 이음을 필요로 하는 테두리 장선을 블로킹이 반반씩 잡아주는 것이 강도가 제일 좋다.
155_ 수축팽창 완충재는 여름에는 부재가 팽창된 상태이기 때문에 좁게 하여 끼우고 겨울에는 수축한 상태라 여름의 팽창을 예상해서 넓게 해서 끼운다.
156_ 테두리장선의 끝 부분에서 상판과 페이샤의 틈새를 없애기 위하여 미리 부재를 받친다.
157_ 고정할 상판을 예측하여 장선 위에 옮겨 놓는다.
158_ 연속해서 상판을 고정하고 난 후, 마지막 폭이 좁은 부분은 정확히 폭을 측정하여 원형톱으로 정규를 이용하여 절단한다.
159_ 상판의 시작 한 줄과 마지막 한 줄은 연결 조이스트를 사용하지 않고 카운터 싱크로 사전에 홈을 가공한다.

160, 161_ 카운터 싱크로 홈을 가공한 후 아연피스로 고정한다.
162_ 벽의 이미지 기둥은 돌출되어 있기 때문에 치수를 정확히 재고 1mm정도 적게 절단해야 삽입할 때 원활히 들어간다. 삽입 후 상판과 상판 사이를 1mm 넓게 하여 벽의 틈새를 없애 준다.
163_ 상판의 마지막 한 줄은 홈을 사전에 가공하여 전용피스로 고정한다.
164_ 계단옆판을 지지할 콘크리트 주춧돌을 놓는다.
165_ 계단옆판을 3개로 하고 주춧돌을 놓을 위치를 측정한다.
166_ 계단기둥과 계단기둥의 거리를 측정하여 정확한 주춧돌의 위치를 확인한다.
167_ 작도한 계단옆판을 절단한다.
168_ 절단한 계단옆판 상세.
169_ 수평을 계산하여 주춧돌에 놓을 옆판을 치수대로 절단하여 올려본다. 중간 주춧돌은 시공 후 보이지 않도록 조금 안쪽으로 놓는다.
170_ 난간기둥의 내측에 계단옆판을 고정한다.
171_ 계단기둥의 수직을 측정한다.
172_ 난간기둥과 계단부에 놓이는 기둥을 일렬로 나란히 한다.
173_ 계단옆판을 고정할 높이를 측정한다.

**174_** 디딤판의 틀을 2×4 방부목으로 짠다.
**175_** 첫째 디딤판을 고정할 틀을 부착한다.
**176_** 중간에 들어갈 계단옆판과 기초콘크리트 철물 돌출부가 닿는 부분을 절단한다.
**177_** 디딤판 틀의 2×4를 이용한 단목장선을 테두리장선 사이에 넣어 고정한다.
**178_** 첫째 디딤판 틀을 고정한 후 중앙 계단옆판을 고정한다.
**179_** 두 번째, 세 번째 디딤판 틀을 한꺼번에 짠다.
**180_** 디딤판 틀을 계단옆판에 고정한다. 좌·우측은 계단옆판 옆에 중앙은 위에 놓이도록 고정한다.
**181_** 에어건을 이용하여 아연피스로 디딤판 틀을 계단옆판에 고정한다.
**182_** 디딤판을 놓기 전에 계단 라이즈에 페이샤를 먼저 고정한다.
**183_** 계단 라이즈를 먼저 고정하면서 디딤판도 카운터 싱커로 작업하여 아연피스로 고정한다.
**184_** 계단 라이즈와 디딤판을 마감한 상태.
**185_** 디딤판과 라이즈를 가리기 위해 계단옆판을 하나 더 덧대어준다.
**186_** 계단을 마감한 상태.
**187_** 건물 뒤편의 좁은 데크도 합성목재 상판으로 마무리한 모습.

188, 189_ 데크 난간 틀을 짜기 위한 부재들을 오일스테인으로 한꺼번에 칠한다.
190_ 난간의 소동자는 전체적으로 길이가 일정하다. 소동자를 2×2 방부목을 일정한 길이로(590mm) 재단한다.
191_ 소동자의 끝 부분을 45도로 재단하여 보기 좋게 절단하는데, 작업의 효율을 높이기 위하여 여러 개를 한꺼번에 절단한다.
192_ 마이터 쏘를 이용하여 난간기둥을 한 번에 절단한다.
193_ 마이터 쏘를 이용하여 난간대(2×4)를 2개씩 한꺼번에 절단한다.
194_ 절단한 기초난간과 상부난간을 제 자리에 갖다 놓는다.
195_ 소동자의 위치를 표시한 정규를 가지고 기초난간과 상부난간에 표시한다.
196_ 삼각스케일(스피드 스퀘어)을 가지고 정확한 수직 표시를 한다.
197_ 기초난간과 상부난간에 소동자를 고정할 작업대를 간단히 만들어 재료를 올려놓는다.
198_ 고정할 소동자도 갖다 놓는다.
199_ 상부난간의 끝 선과 동자에 표시된 하부 쪽의 위치에 맞추어 아연피스로 고정한다.
200_ 좌우 끝 부분을 먼저 고정하여 틀이 되도록 한다.
201_ 틀의 중앙에 소동자를 하나 더 대어 틀을 안정화한다.

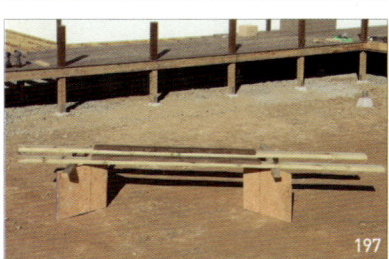

202, 203_ 나머지는 표시 선을 따라 차례로 고정하여 완성한다.
204_ 완성한 틀을 난간기둥 사이에 끼워서 기둥의 상부 끝 부분과 상부난간 끝 부분을 일치시켜 난간기둥에 고정한다.
205_ 난간틀을 고정할 때 정규를 이용하여 난간이 알맞은 위치에 고정되도록 한다.
206, 207_ 기초난간 밑에 일정한 크기의 정규를 놓고 난간틀을 고정하면 편리하다.
208, 209_ 난간틀을 설치하고 상부 손스침을 부착할 준비를 완료하였다.
210_ 하부에서 본 완성된 틀의 모습.
211_ 손스침을 고정할 바탕이 준비된 모습.
212_ 하부공간을 래티스로 막기 위한 틀로 상·하의 외부장선은 2×4, 내부 래티스를 고정할 부분은 2×2 부재를 사용한다.
213_ 평평한 합판 위에 2×4 부재는 세우고, 2×2 부재를 놓으면 2×2 부재만큼 단차이가 생긴다. 그 위에 목재 래티스를 고정하면 전체가 거의 비슷한 두께가 된다.
214, 215_ 완성한 틀을 하나씩 하부공간의 기둥 사이에 끼워서 고정한다.

216_ 상하 장선의 폭과 기둥의 폭을 맞추어 고정한다.
217_ 양쪽을 클램프로 고정하면 못이 잘못 박히는 실수를 줄일 수 있다.
218_ 래티스를 고정할 준비가 완료된 모습.
219_ 고정할 래티스에 오일스테인을 칠한다.
220_ 먼저 롤러로 오일스테인을 칠한다.
221_ 롤러로 구석구석 칠하기 어려우므로 오일스테인을 에어스프레이로 분사하여 바른다.
222_ 오일스테인을 칠한 래티스를 하부의 틀에 맞게끔 재단한다.
223_ 수평 자르기 톱대를 이용하여 틀에 맞는 크기로 재단한다.
224_ 폭은 원형 전기톱으로 수직으로 절단한다.
225_ 절단한 래티스는 틀의 뒷면에 고정한다.
226_ 순서대로 래티스를 고정한다.
227_ 완성된 수직단면의 모습.
(아래로부터 4×4용 콘크리트 주춧돌, 하부공간막이 틀(2×2, 2×4)과 목재 래티스, 테두리장선 막이 페이샤(합성목재 25×150×2,400mm), 난간기둥, 기초난간, 소동자, 상부난간, 손스침용 바탕틀(2×6 방부목), 손스침(합성목재 25×150×2,400mm)
228_ 군데군데 데크 하부에 들어갈 수 있는 문을 만든다.
229_ 하부공간막이 틀에 경첩을 달아서 문으로 이용할 수 있게 하였다.

230, 231_ 데크 하부와 코너의 모습.
232_ 완성한 건물 측면부의 모습.
233_ 디딤판을 측면에 고정하는 계단옆판의 작도를 위하여 직각자를 이용하여 정규를 만들었다.
234_ 만든 정규를 이용하여 표시한다.
235, 236_ 표시부를 원형 전기톱으로 절단한다.
237_ 좌·우 대칭의 2개를 1세트로 만든다.
238_ 테두리장선에 끼워 넣을 턱을 잘라내고 있다.
239_ 원형 전기톱이 절단하지 못하는 부분은 손톱으로 따낸다.
240_ 오일스테인을 칠해준다.
241_ 폭이 좁은 계단을 하나 더 만든다. 폭이 좁을 때는 콘크리트 주춧돌을 두 개만 사용해도 무방하다.
242_ 기둥을 고정하고 상부마감 높이를 측정한다.
243_ 양쪽에 계단기둥을 설치하고 계단옆판을 기둥 측면에 고정하지 않고 기둥 사이에 끼워 넣어 고정한다.

**244, 245_** 첫째 디딤판의 틀을 미리 만든다.
**246_** 디딤판의 틀을 고정하기 전에 공간을 목재 래티스로 안쪽에서 고정한다.
**247_** 디딤판의 위치를 작도를 통하여 정하고 디딤판의 틀을 표시 선에 맞추어 고정한 상태.
**248_** 표시 선에 따라 위에서 아래로 차례로 고정한다.
**249_** 안에서 표시 선에 맞추고 밖에서 아연피스로 고정한다.
**250_** 차례로 고정하여 완성한다.
**251_** 안쪽에서 에어건으로 아연피스을 박아 반복하중을 견딜 수 있게 고정한다.
**252_** 계단난간까지 완성하고 칠까지 마무리한 상태.
**253_** 핸드레일의 손스침 끝 부분으로 상부난간(2×4) 위에 25×120mm 방부목 상판재를 이용하여 손스침의 바탕재로 사용한다.
**254_** 25×120mm 방부목 상판재를 바탕에 대고 그 위에 합성목재를 댄다. 아연피스로 밑에서 위로 고정하여 손스침에는 피스머리가 보이지 않게 한다. 상·하부 끝 부분의 마무리가 필요하다.
**255_** 손스침부의 완성된 상세.
**256_** 손스침의 이음부를 마무리한 상세.

**257_** 테두리장선에 페이샤로 마무리한 상태.
**258, 259_** 이음 완충재를 넣어 마무리한 코너부의 모습.
**260_** 계단기둥부의 손스침 끝 부분을 마무리한 상태로 상판은 전부 중공 상태이기 때문에 끝 부분은 반드시 캡을 씌운 상태가 되도록 막아주어야 한다.
**261_** 위에서 코너를 내려다본 마감 상태.
**262_** 손스침부는 피스가 보이지 않도록 하부 목재에서 피스로 고정한다.
**263_** 완성한 난간 모습.
**264, 265, 266_** 완성한 데크의 모습.
**267_** 외부에 데크를 설치함으로써 주택의 완성도를 높이고, 자연과 낭만을 즐길 수 있는 여유로운 휴식공간이 마련되었다.

*How to make* DECK

# PART .3

## 전원주택 데크 사례

01. 여주 우만동 S씨댁　136p
02. 여주 우만동 K씨댁　142p
03. 여주 우만동 L씨댁　150p
04. 양평 석장리 P씨댁(14호)　158p
05. 양평 석장리 J씨댁(15호)　164p
06. 양평 석장리 S씨댁(19호)　170p
07. 양평 석장리 C씨댁(12호)　178p
08. 수원 이의동주택　184p
09. 양평 봉상리 K씨댁　192p
10. 양평 봉상리 M씨댁　200p
11. 고양 대자동주택　208p
12. 양평 용천리주택　216p

하단의 치장벽돌과 스타코로 마감한 외벽이 조화를 이룬다.
하늘 높이 솟은 지붕의 경사면에 설치한 다양한 형태의 창과 뾰족한 지붕이 서양의 성을 연상케 하는 주택이다.

여주 우만동 S씨댁

# 데크로 의장가치를 높인 집

**위치**_경기도 여주시 우만동
**건축형태**_기둥·보 구조
**대지면적**_528㎡(159.72py)
**건축면적**_186.42㎡(56.39py)
**데크면적**_30.75㎡(9.3py)
**데크설계·시공**_아스카건설

드러난 구조체만으로도 충분히 멋스러운 기둥·보 구조의 한옥은 건축주들 선호도 영순위다. 이 건물은 한옥의 전통건축에 지진에도 견딜 수 있다는 일본의 발달한 건축공법과 서구적인 멋을 함께 접목하여 지은 전원주택이다. 건물 정면에는 건물과 수평을 이루는 평행패턴의 데크를 설치하여 웅장한 포치가 있는 현관부와 사선으로 이어 하나의 동선으로 완성하였다. 전통한옥의 대청마루, 툇마루가 중간 공간으로써 내·외부를 연결하는 역할이었다면, 현대주택에서는 데크가 그 기능을 대신 한다고 할 수 있다. 아파트생활을 많이 하는 현대인들은 발코니에 익숙해져 있다. 그러나 발코니는 면적이 제한적이라 표현하고자 하는 공간연출이 어려운 반면, 전원주택은 공간의 여유가 있어 데크를 잘만 활용한다면 주택의 의장 가치를 높이고 내·외부를 연결하여 자연과 소통할 수 있는 또 하나의 색다른 공간을 만들 수 있다. 높이 솟은 지붕경사 면에 설치한 다양한 형태의 창과 뾰족한 지붕이 서양의 성을 연상케 하는 이 집은 내부 목구조체의 멋스러움에 더하여 외부 데크와 정원이 집의 완성도를 높여 돋보이는 집이다.

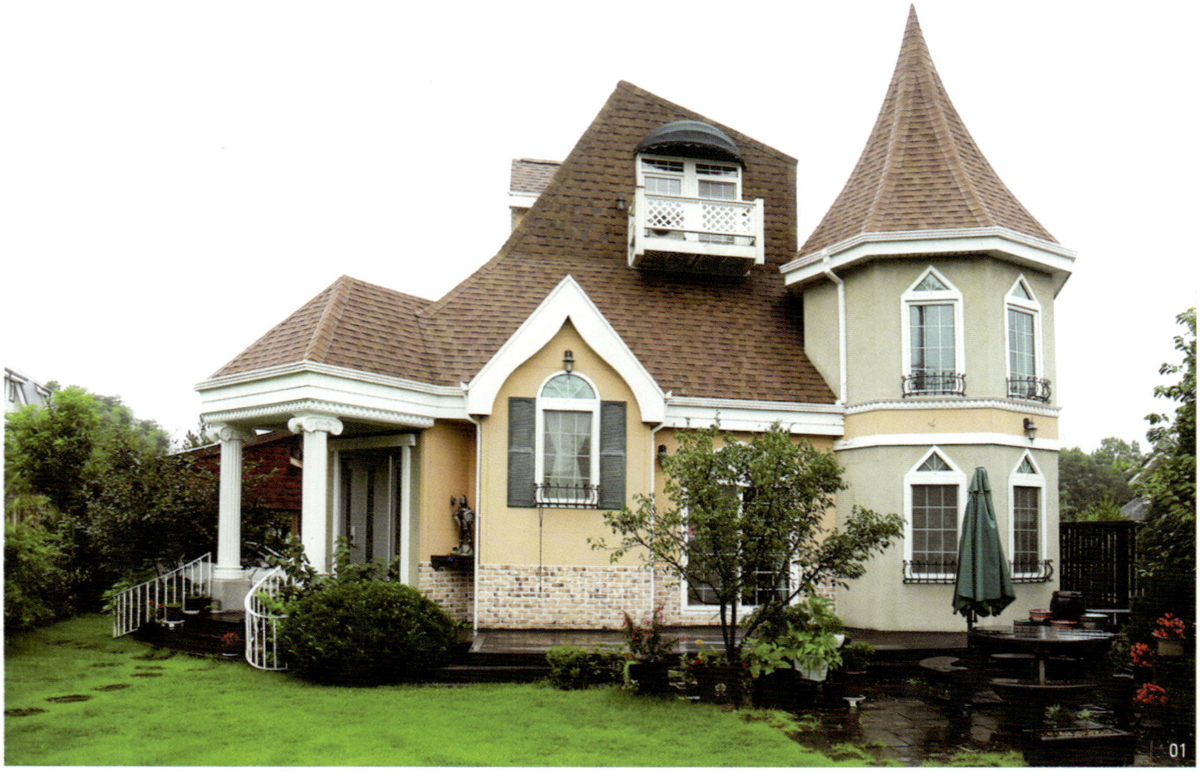

01

01_ 한옥 전통건축에다 지진에도 견딜 수 있는 일본의 발달한 건축공법과 서구적인 멋스러움을 접목한 집이다.

02_ 데크와 연결된 마당 한쪽에 나무블록을 깔고 테이블과 파라솔을 설치해 휴식공간으로 활용한다.

03_ 목재대문을 설치하고 낮은 담을 둘렀다.

02

03

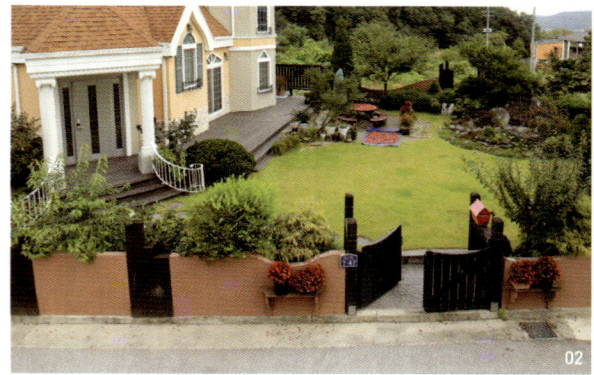

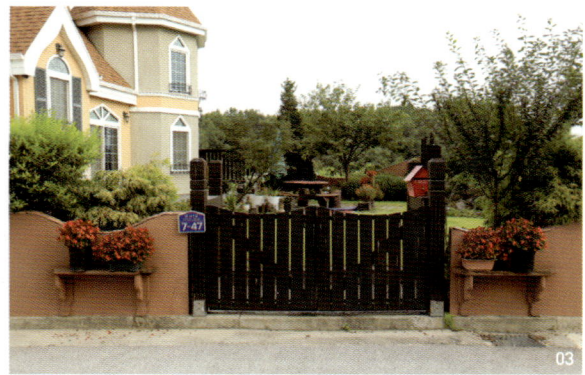

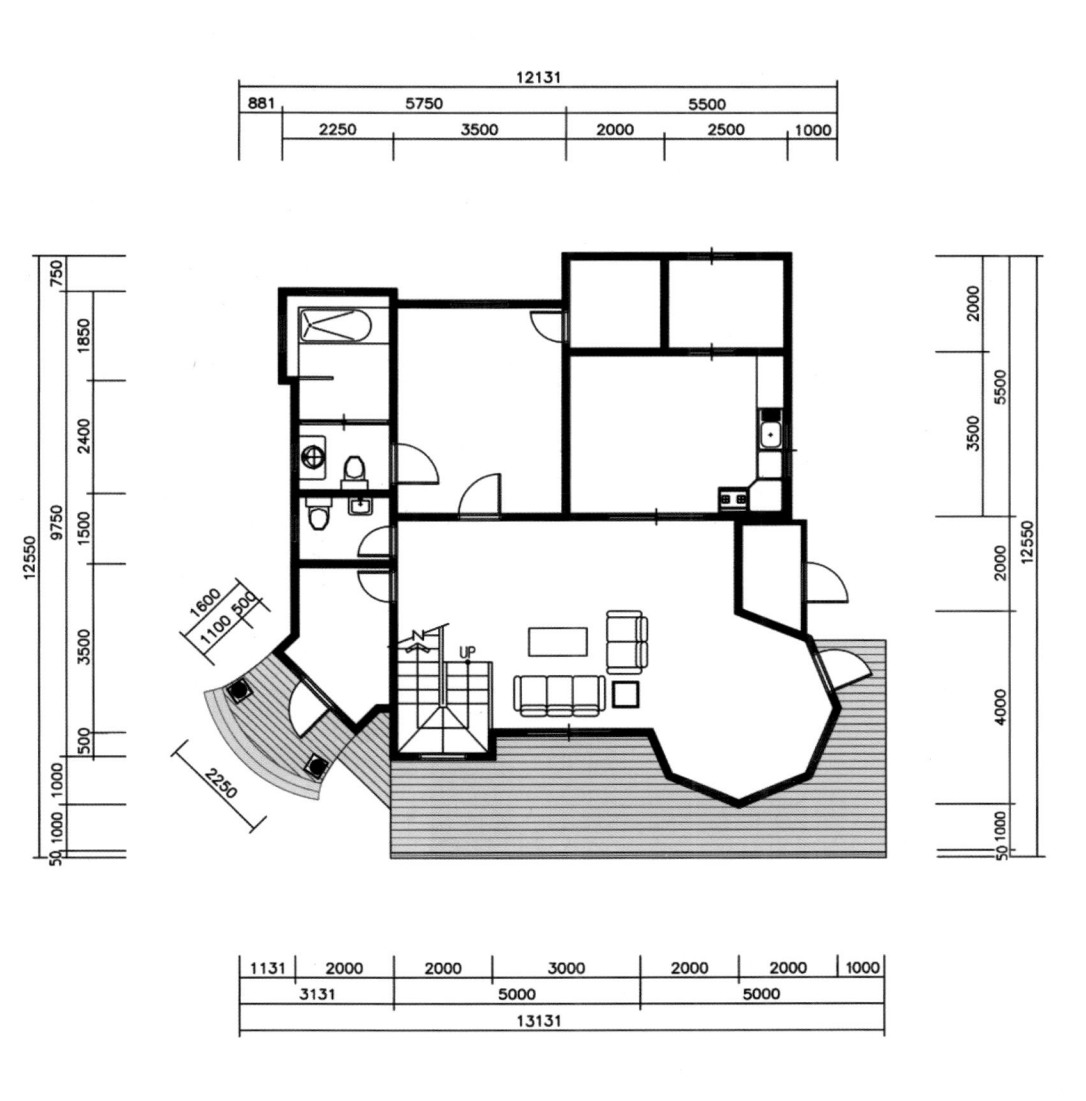

데크가 있는 1층 평면도

04_ 현관 앞뿐만 아니라 주택 전면에 데크를 설치해 전원주택의 분위기와 안정감을 실었다.
05_ 웅장한 포치가 시선을 사로잡는 주택 입구 모습으로 부드러운 곡선의 계단이 친근감을 더한다.
06_ 처마에도 곡선을 주어 율동감이 있다. 데크는 거실과 통할 수 있게 설치하였다.

07_ 건물과 마당의 단 차이를 계단으로 처리하였다.
08_ 거실과 연결한 데크는 내부공간이 외부로 확장한 효과를 준다.
09_ 데크와 정원 사이에 나무블록을 깔아 다용도로 공간활용이 가능하다.
10_ 건물 정면의 데크와 현관부를 사선으로 이어 하나의 동선으로 이어진다.
11_ 마당 귀퉁이 둔덕에는 계류와 연못이 보이고 주위에는 안주인이 정성들여 가꾼 화초들로 가득하다.

기둥, 보, 서까래가 노출된 한식목구조의 전통미를 살려 구조적 아름다움과
은은한 나무의 질감을 그대로 느낄 수 있는 살아 숨 쉬는 집이다.

### 여주 우만동 K씨댁
# 디자인 요소가 더해진 실용적인 데크

**위치**_경기도 여주시 우만동
**건축형태**_기둥·보 구조
**대지면적**_495.87㎡(150py)
**건축면적**_190.42㎡(57.6py)
**데크면적**_36.09㎡(10.92py)
**데크설계·시공**_아스카건설

이상적인 전원주택이란 자연의 계절적인 변화와 자연스럽게 마주할 수 있는 집이라야 한다. 앞으로는 나지막한 산이 정원을 이루고 아래로는 남한강이 내려다보이는 곳으로 경사지에 지어져 현관에서 보면 2층, 도로 방향에서는 3층 집이다. 기둥·보 방식의 전통한옥 가구구조에 현대적인 세련미가 엿보이는 전원주택으로 건물 정면에 단순하지만 디자인적인 요소를 더한 실용적인 데크를 설치하였다. 데크와 난간을 시공할 때는 주변 지형이나 조망, 통풍 등을 꼼꼼하게 살펴 설계에 반영해야 한다. 평면계획을 짤 때도 거실, 주방, 식당, 현관 등의 동선을 우선하고 계절별 일조량이나 조망권, 프라이버시 보호 등, 여러 가지 사항들을 고려해야 한다. K씨댁의 데크는 외관미를 고려하면서 햇볕이 잘 들고 전망 좋은 곳에 설치하였다. 주택설계 시 실제 사용빈도가 가장 높은 거실과 부엌, 식당을 전망이 가장 좋은 곳에 배치하고, 식당 앞으로 넓은 데크를 만들어 필요에 따라서 야외에서도 식사를 하고 바비큐장으로도 활용할 수 있게 하였다.

01_ 나지막한 산이 정원을 이루고 아래로는 남한강이 내려다보이는 전망 좋은 곳으로, 집에 앉아서도 자연의 계절적인 변화를 감상할 수 있는 주택이다.
02_ 본채와 별채는 정원을 사이에 두고 서로 마주 보게 배치했다.

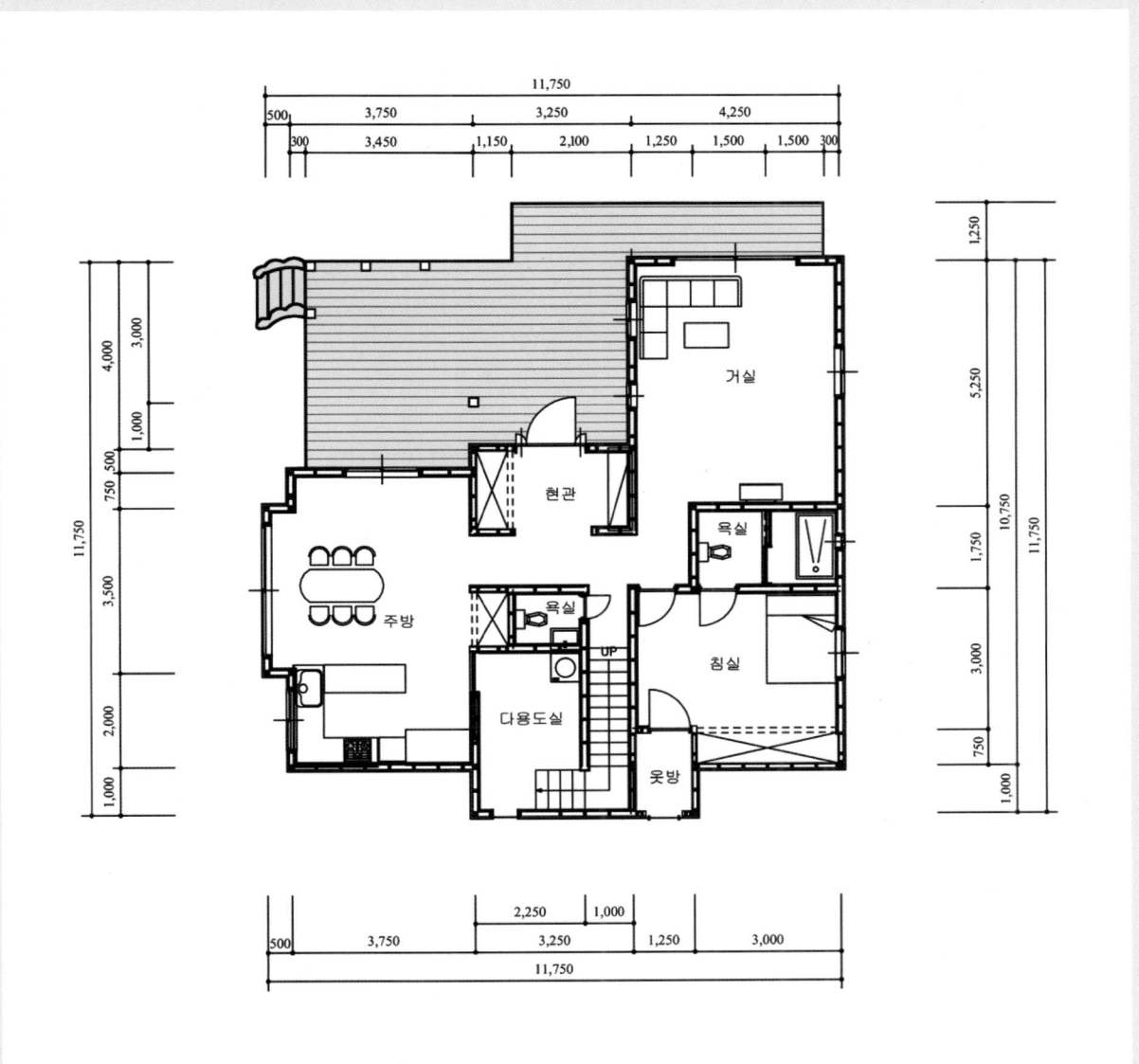

데크가 있는 1층 평면도

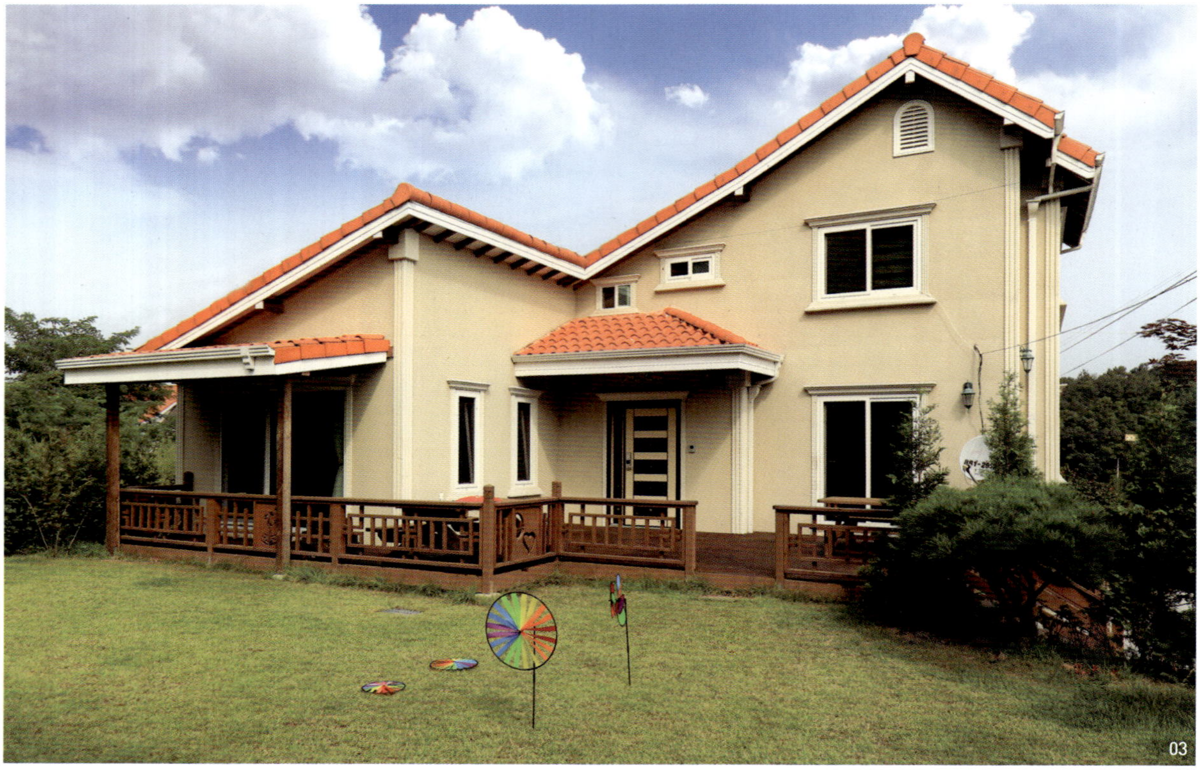

03

04

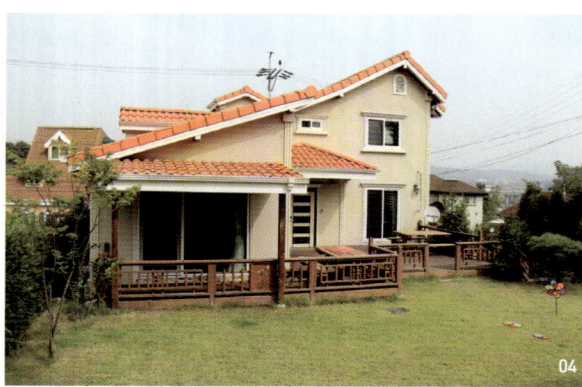

03_ 주택의 외관미를 고려하면서 햇볕이 잘 드는 곳에 데크를 설치하였다.

04_ 주택 전면에 넓은 데크를 설치하고 그 위에 테이블과 파라솔을 놓아 바비큐장으로 활용할 수 있다.

05_ 거실과 현관 등의 동선을 고려해 데크 평면계획을 했다.

06_ 경사지를 자연스럽게 이용하여 지은 집이라 현관에서 보면 2층, 도로 방향에서는 3층이다.

05

06

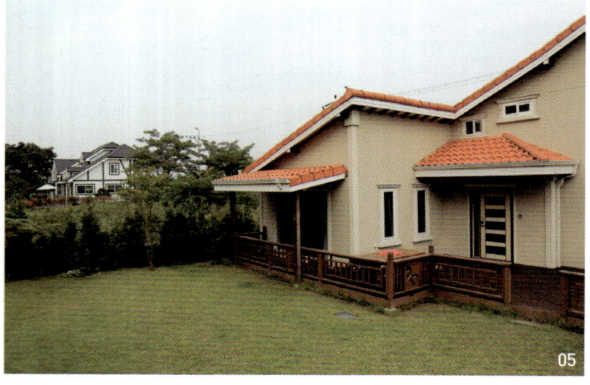

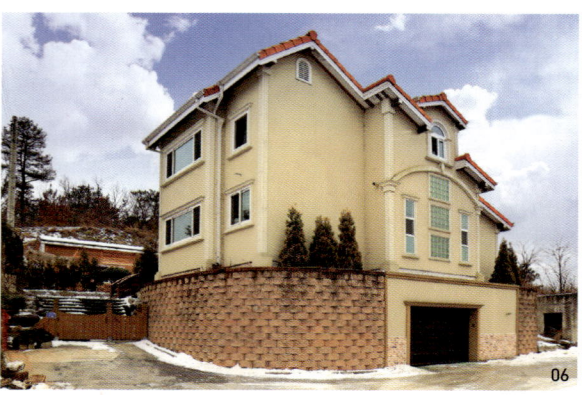

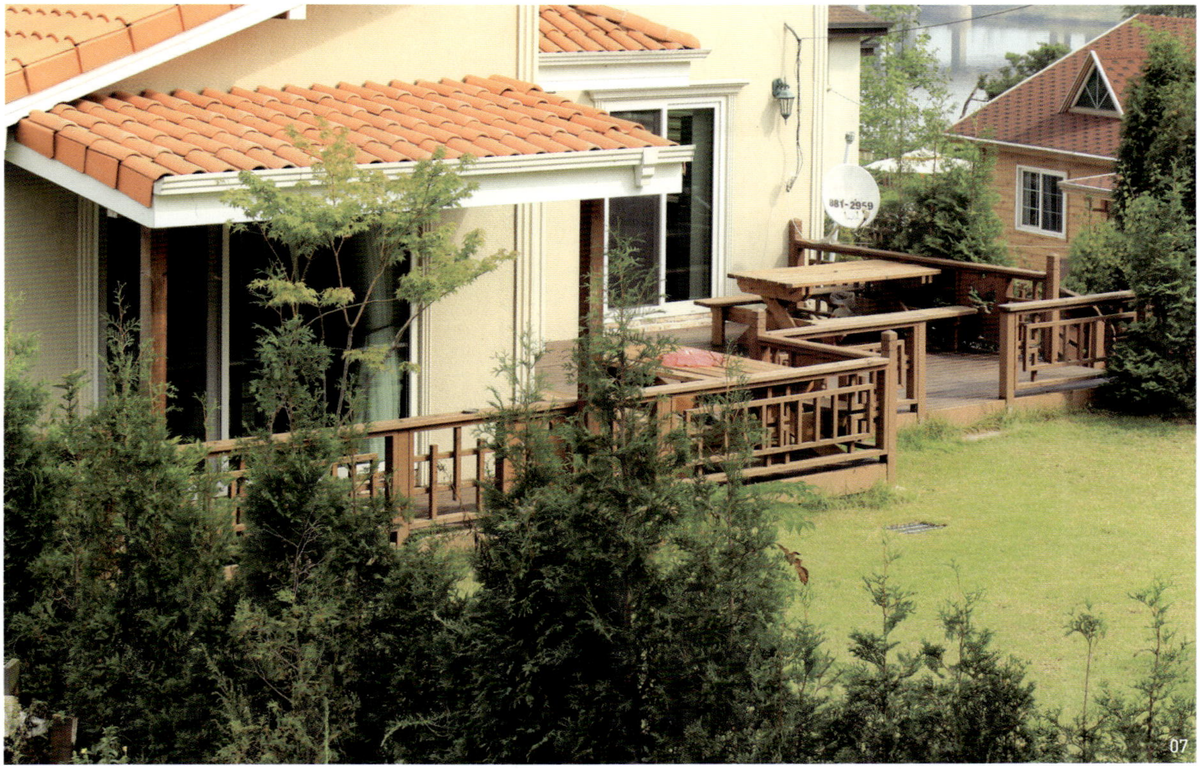

07_ 건물 정면에 설치한 단순하면서도 실용적인 데크다.
08_ 조망감과 프라이버시 보호 등을 감안한 데크다.
09_ 난간은 40mm 정도의 2×2 방부목을 이용하여 아자(亞)형으로 날렵하게 디자인하였다.

10_ 식당 앞에 데크를 설치하여 자연스럽게 동선이 이어지도록 했다.
11_ 데크에서 별채를 바라본 모습.

12_ 거실 앞에 데크를 깔고 눈썹처마를 달아내어 전통한옥의 툇마루와 같은 공간을 조성했다.
13_ 판재를 조각하여 디자인적인 요소를 더한 데크 난간이다.
14_ 경사지에 설치한 계단으로 난간대의 손스침을 핸드메이드로 작품성 있게 표현하였다.

주택 전면에 목재 대신 표면이 거칠고 견고한 현무암 석재데크를 깔아 깔끔하게 마감했다.

여주 우만동 L씨댁

# 내구성이 강하고 관리가 편한 현무암 석재데크

**위치**_경기도 여주시 우만동
**건축형태**_기둥·보 구조
**대지면적**_610㎡(184.53py)
**건축면적**_205㎡(62.01py)
**데크면적**_52.2㎡(15.79py)
**데크설계·시공**_아스카건설

이 주택은 일본의 건축예술가인 도바리미찌코가 설계한 작품으로, 박공지붕과 꺾인지붕을 사면에 적절히 혼합 디자인하여 집의 전체적인 외관이 아기자기하면서 아름답다. 마당이 좁은 도심 속 주택에 사는 이들에게는 부러움이 될 수도 있는 데크를 시원스럽게 설치하여 전원주택의 장점을 살렸다. 현관은 물론 주택 전체를 빙 둘러 설치한 데크 덕에 주택의 이미지와 안정감은 한결 더 높아졌다. 일반적으로 데크 바닥재는 목재를 많이 사용하지만, 석재나 타일, 벽돌 등 다양한 재료로 설치한 것도 넓은 의미의 데크다. L씨댁은 목재 대신 관리가 편하고 내구성이 강한 현무암 이용하여 석재데크를 완성하였다. 표면이 거친 현무암은 자연미와 질감을 그대로 느낄 수 있어 인테리어 효과뿐만 아니라, 비가와도 미끄러질 염려가 없어 실용성과 안전성을 갖춘 자재로 석재데크 시공 시 많이 이용한다. 현무암 정형 판재스타일은 300×600mm(세로×가로) 크기로 두께는 12, 20, 30mm로 구성되어 있으며, 용도에 맞게 선택할 수 있고 현무암만의 고유한 멋이 있어 어디든지 잘 어울리는 자재이다.

01_ 박공지붕과 꺾인지붕을이 적절히 혼합된 디자인으로 아름다운 외관을 갖추었다.
02_ 중후하면서도 다양한 지붕선이 시선이 돋보이는 주택이다.

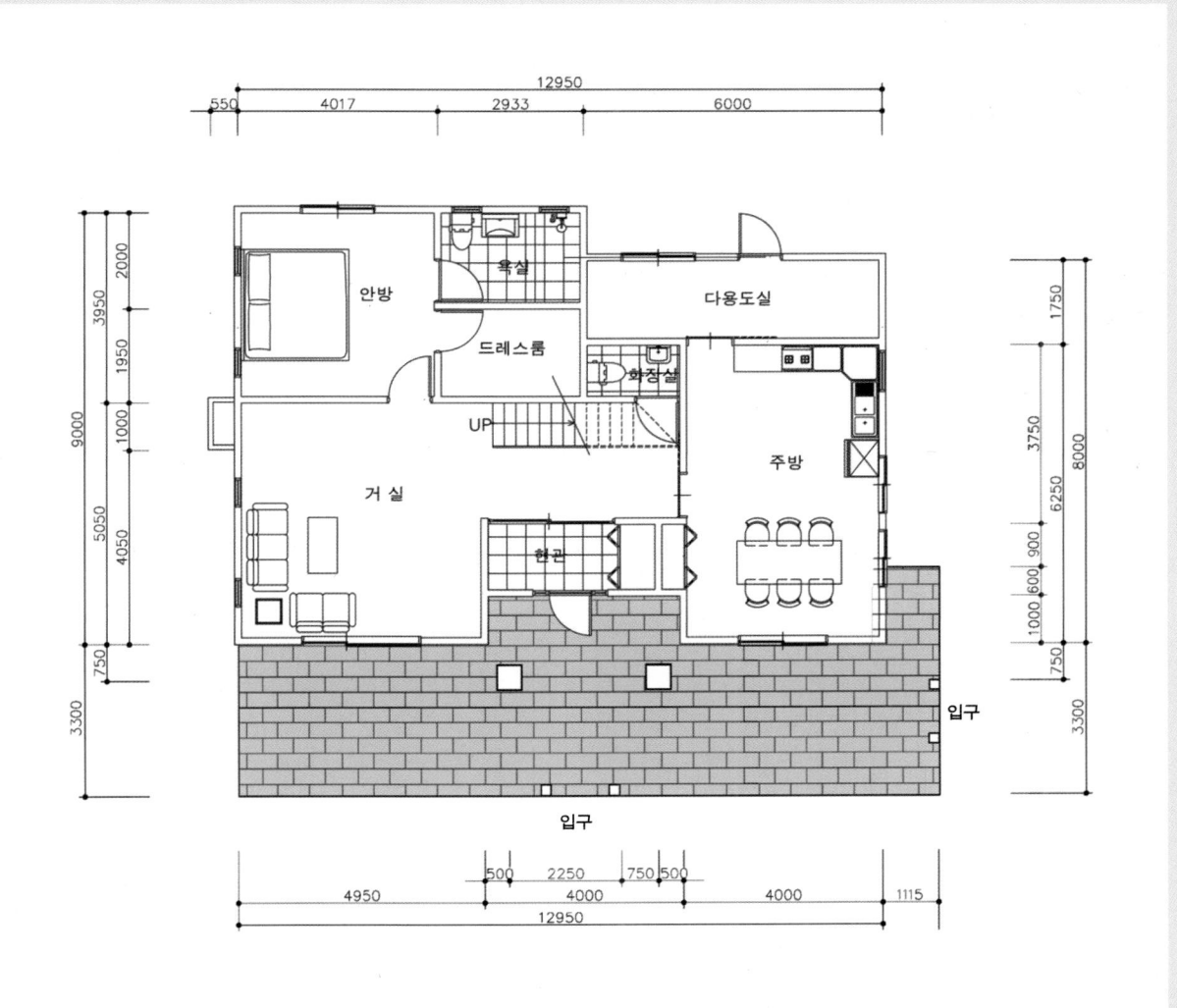

데크가 있는 1층 평면도

03_ 현관으로 이어지는 전면부에 넓은 데크를 깔아 안정감이 있다.
04_ 건물의 좌측면으로 파벽돌을 높게 쌓아 올린 전축굴뚝이 있다.
05_ 화살나무를 경계로 삼은 생울타리 너머 석재데크에 원형테이블과 파라솔을 놓아 휴식공간으로 활용한다.
06_ 철제 단조난간과 석재데크의 조화로 디자인적인 효과를 높였다.

07_ 넓고 낮은 석재데크로 정원과의 연계성을 높였다.
08_ 회색 톤의 중후한 느낌의 건축물과 그린 정원, 자연이 한 데 어우러진 전형적인 전원주택의 아름다운 풍경이다.
09_ 잔디를 깔고 현관으로 이어지는 동선에 디딤돌을 놓았다.

10_ 화려하게 꾸민 조경은 아니지만, 손수 정원을 가꾸어 깔끔하게 정돈된 모습이 인상적이다.
11_ 현무암 판재스타일은 300×600mm(세로×가로) 크기로 정형화된 규격이다.
12_ 무겁게 느껴질 수 있는 석재데크 곳곳에 화분들을 적절히 배치하여 생기있고 부드러운 분위기를 연출하였다.

13_ 포치 형태로 꾸며진 현관 앞을 데크로 넓게 마감해 안팎으로 여유로운 공간이다.
14_ 거실에서 격자 파티오창을 통해 바라본 차경이다.
15_ 현무암 석재데크는 관리가 편하고 내구성이 강해 매우 실용적이다.
16_ 2층에 좁게 자리한 베란다는 집의 외관을 밝게 하는 감성적인 휴식공간이다.
17_ 마당에 디딤돌을 놓아 현관으로 진입하는 동선을 안내한다.

간결하면서도 단아한 구조의 스웨덴하우스 타입으로 흰 스타코플렉스 벽체와 빨간 지붕이 조화를 이룬 주택이다.

### 양평 석장리 P씨댁(14호)
# 간결한 주택에 어울리는 데크

**위치**_경기도 양평군 개군면 석장리 숲속마을
**건축형태**_경량목구조, 기둥·보 구조 혼용
**대지면적**_368㎡(111.32py)
**건축면적**_130.34㎡(39.43py)
**데크면적**_35.87㎡(10.85py)
**데크설계·시공**_아스카건설

때로는 단순함도 미(美)가 될 수 있다. 이 집은 디자인과 색상을 최대한 단순화하여 절제된 외관미를 자랑하는 주택으로, 붉은 고급 스페니쉬 기와에 백색 스타코플렉스 외벽, 낮은 단의 데크가 조화를 이루어 전체적으로 단아하고 깔끔한 이미지다. 건축주는 평소 목공을 즐기는 동호인으로 택지를 구입한 후 설계와 건축, 내·외부 인테리어까지 건축 전 과정에 직접 참여하여 모든 가구와 집기는 물론 데크까지 손수 만들어 완성한 맞춤형 전원주택이다. 목공 동호인들이 모여 사는 이곳 전원마을은 연령대도 비슷하고 취미도 같아 나무를 중심으로 서로 자연스럽게 이웃 간에 정을 나누며 소통하는 목공마을이다. 나무가 인간의 생활 속에 깊이 자리 잡고 널리 쓰임에 따라, 나무를 이용해서 생활에 필요한 가구나 집기 등을 직접 만들어 쓰는 예가 점점 늘고 있다. 과거에는 주로 장인들의 손에 의해 다루어졌던 일들이 이제는 다양한 목공구의 발달로 보통사람들도 마음만 먹으면 얼마든지 할 수 있는 일이 되어, 전문가 직업에서 이제는 하나의 새로운 취미생활의 트랜드로 자리매김하고 있다. 건축주는 자신이 직접 계획하고 만든 데크를 볼 때마다 정겨움과 자긍심을 느낀다고 힘주어 말한다.

01_ 공간을 용도에 맞게 사용할 수 있도록 데크와 연계하여 모래밭과 수돗가를 만들었다.
02_ 붉은 스페니쉬 기와, 백색 스타코플렉스 외벽마감, 낮은 단의 데크가 어우러져 단아하고 깔끔한 이미지를 전한다.

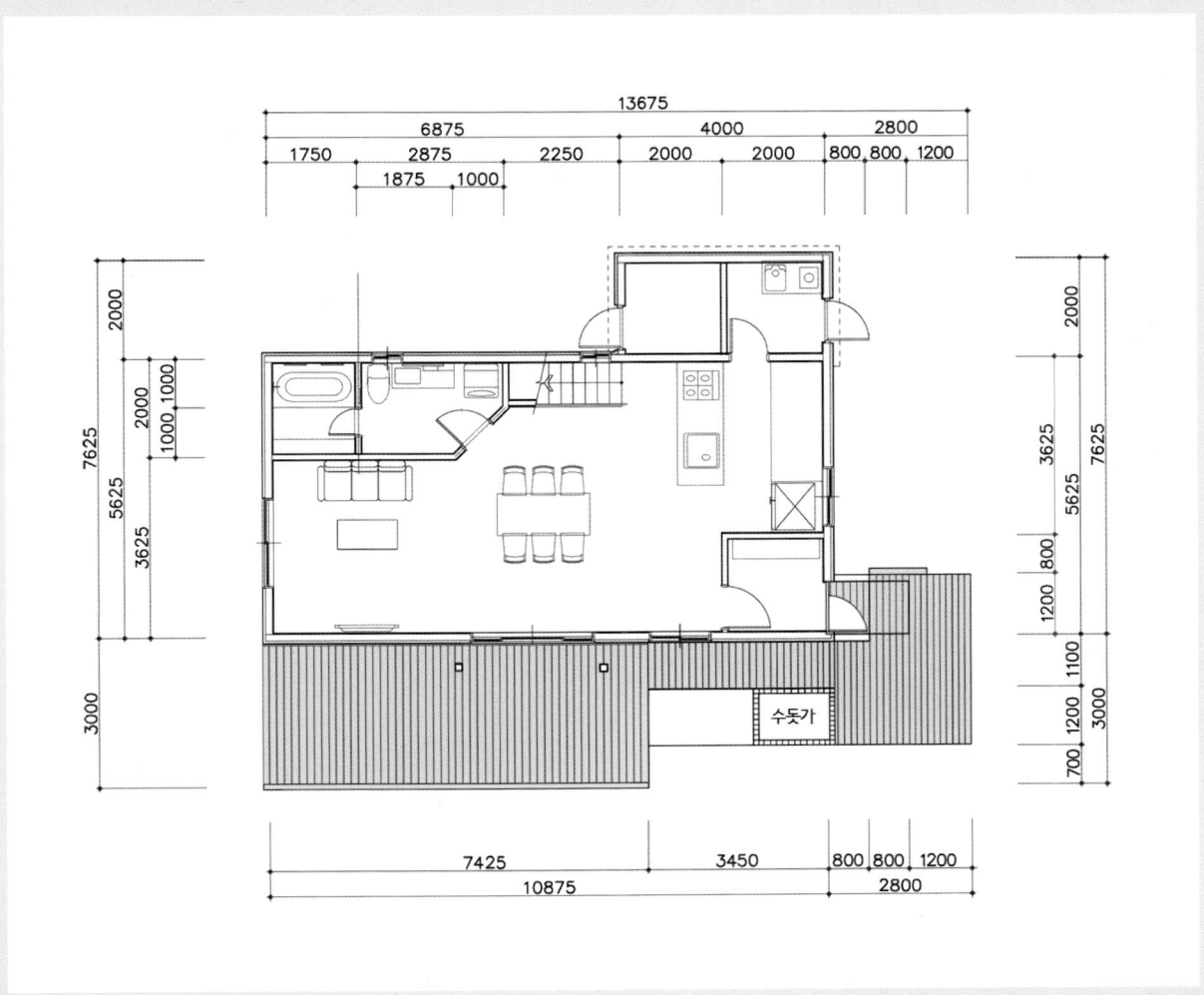

데크가 있는 1층 평면도

**03_** 바닥과 데크의 고저 차가 별로 없어 폭이 넓은 계단을 만들었다.
**04_** 거실 창과 데크의 고저 차를 없애기 위해 계단을 설치하였다.
**05_** 주택 전면에 설치한 데크는 거실에서 외부로 이어지는 열린 공간이다.
**06_** 후면 도로에서 바라본 모습으로 단순한 건축미가 돋보이는 주택이다.

07_ 출입구에서 바라본 현관부의 모습.
08_ 건축주는 직접 계획하고 만든 데크를 볼 때마다 자긍심을 느낀다고 말한다.
09_ 스웨덴하우스 타입의 포치 앞을 단이 낮은 데크로 깔끔하게 마무리하였다.
10_ 특히 습기가 많은 화장실은 관리가 소홀하면 자칫 곰팡이가 끼기 쉬운데, 규조토로 마감하여 이런 걱정 없이 깔끔함을 유지할 수 있게 되었다.
11_ 취미생활로 생활 속에 깊이 뿌리 내린 목공 DIY는 하나의 생활문화가 되었다. 건축주는 이곳에서 스스로 나무를 만지고 다듬어 필요한 목가구를 만들어 사용한다.
12_ 동선이 효율적인 ㄷ자형 주방에 아일랜드 식탁을 배치하였다.

단순하면서도 튼튼해 보이는 실용성을 강조한 모던스타일 주택이다.

**양평 석장리 J씨댁(15호)**

# 글램핑을 즐기며
# 추억을 만드는 데크

**위치**_경기도 양평군 개군면 석장리 숲속마을
**건축형태**_경량목구조, 기둥·보 구조 혼용
**대지면적**_463㎡(140.06py)
**건축면적**_155.38㎡(47py)
**데크면적**_36.36㎡(11py)
**데크설계·시공**_아스카건설

단순하면서도 튼실해 보이는 이 집은 실용성을 강조한 모던스타일로 두 가지 톤의 케뮤(KMEW) 세라믹 외장재와 검은색 지붕재로 안정감 있게 마감하였다. 도자기 같은 세라믹으로 코팅된 세라믹사이딩은 유지보수가 필요 없는 신소재로 자외선이나 물에 노출되어도 변형이 없고 내구성이 강하며, 오염과 변색으로부터 자유로워 건축주 사이에서 인기가 높다. 외부에 설치한 데크는 자연과 집을 하나로 연결하고 주택의 개성을 살려 집에 대한 인상을 심어주는 중요한 요소이다. 또한, 데크는 어떻게 꾸미느냐에 따라서 집안에서도 최근 유행하는 글램핑의 멋을 즐길 수 있다. 머무는 곳에서 여유와 낭만, 재미를 찾고자 하는 현대인들이 데크의 매력에 빠지는 이유 중 하나다. 글램핑은 '화려하다, 매혹적이다'라는 의미의 'glamorous'와 '야영, 캠핑'이라는 'camping'의 합성어로 비용이 드는 귀족적 야영을 뜻한다. 장비, 먹거리, 연료 등을 모두 챙겨야 하는 번거로움을 피하고자 비용이 더 들더라도 시간적인 여유를 누리며 간편하게 캠핑문화를 즐기려는 것이다. 전원주택의 데크가 있기가 있는 것은 이런 글램핑의 낭만을 찾아 추억을 만들기에 좋은 장소로 활용할 수 있다는 이유에서이다.

01_ 케뮤(KMEW) 세라믹 외장재와 검은색의 지붕재로 안정감 있게 마감했다.
02_ 머무는 곳에서 여유와 낭만, 재미를 찾고자 하는 만큼 현대인들은 데크 꾸미기에도 노력을 기울인다.

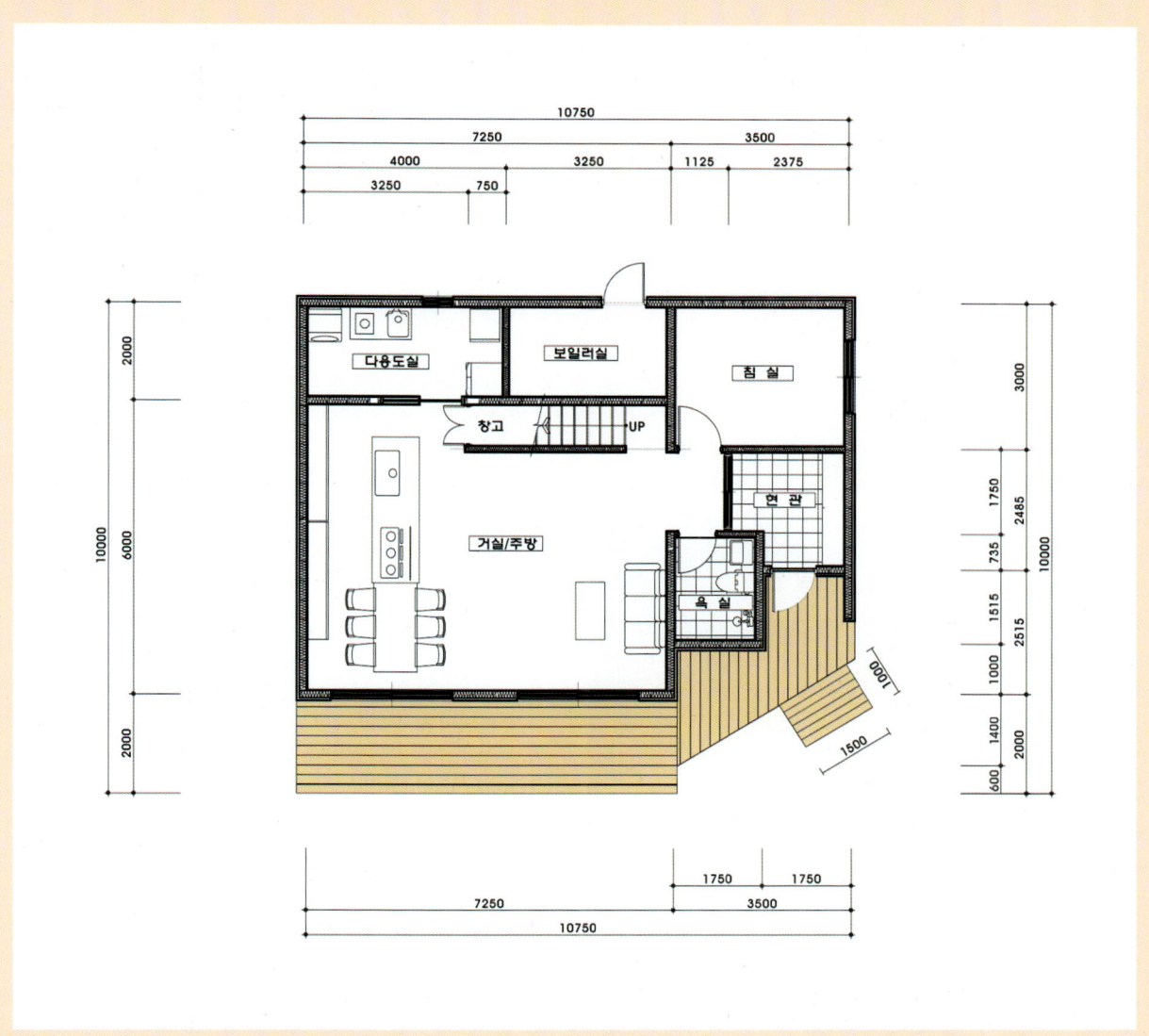

데크가 있는 1층 평면도

03, 04_ 데크는 글램핑을 즐기며 추억을 만드는 장소가 되기도 한다.
05_ 정원과 바로 이어진 낮은 단의 데크에 직접 제작한 테이블이 놓여 있다.
06_ 건물의 후면에서 바라본 모습으로 유지보수가 필요 없는 투톤의 세라믹사이딩으로 마감하였다.

07_ 거실창 아래에 데크로 쉽게 이동할 수 있는 계단을 짜 놓았다.
08_ 취미로 목공 DIY를 하는 건축주의 작품이 집안 곳곳에 놓여 있다.
09, 10_ 현관부의 모습으로 비정형 예각 데크에 방형의 계단식 데크를 이어 설치하였다.
11_ 대문에서 바라본 동선에도 낮은 단의 데크를 놓아 접근이 편하도록 하였다.
12_ 전망 좋은 곳에 철재 기둥을 세우고 베란다를 설치하였다.

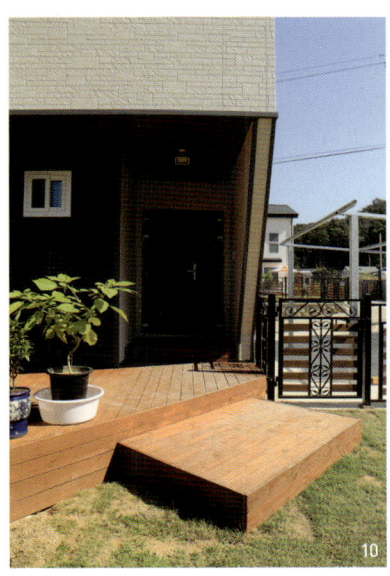

스타코플렉스 외벽에 적삼목사이딩으로 포인트를 주어 간결하면서도 세련된 절제미가 있다.

**양평 석장리 S씨댁(19호)**

# 간결하고 절제미가 있는 전원주택 데크

**위치**_경기도 양평군 개군면 석장리 숲속마을
**건축형태**_경량목구조, 기둥·보 구조 혼용
**대지면적**_368㎡(111.32py)
**건축면적**_121㎡(36.6py)
**데크면적**_37.65㎡(11.39py)
**데크설계·시공**_아스카건설

스타코플렉스 외벽에 적삼목사이딩으로 포인트를 준 간결하고 세련된 절제미가 있는 주택이다. 케뮤(KMEW)세라믹 지붕재가 주는 단순하고 절제된 느낌의 지붕선은 견고함을 더한다. 크롤형 줄기초의 환기구로 구조적 기능을 더하고 집의 골격을 기둥·보 중목구조로 하여 투입된 건축비에 비해 놀랄만한 결과를 얻었다. 외부에 노출되어 비바람을 맞는 데크는 어떻게 틀을 짜고 모양을 잡느냐에 따라서 건물의 분위기에 영향을 준다. 이 집은 건물 이미지에 어울리는 단순한 형태의 낮은 데크를 설치했다. 데크는 사후 관리가 중요하다. 방부액을 주입한 방부목 데크든 자연방부목 데크든 둘 다 자외선을 방지하고 수분을 차단하여 곰팡이나 오염균으로부터 목재를 보호하기 위해 오일스테인을 1년에 한 번씩은 데크 구석구석에 칠해주어야 한다. 데크 바닥이나 난간에 오일스테인을 바를 때는 적당한 양을 수건에 적셔 사용하면 구석구석 바르기 쉽고 나무의 무늿결도 살릴 수 있다.

01_ 단순하면서도 절제된 케뮤(KMEW)세라믹 지붕재의 지붕선은 견고한 느낌을 준다.
02_ 에너지 절감을 염두에 두고 태양광 집열판을 입구에 설치하여 가정에 필요한 전기를 충당하고 있다.

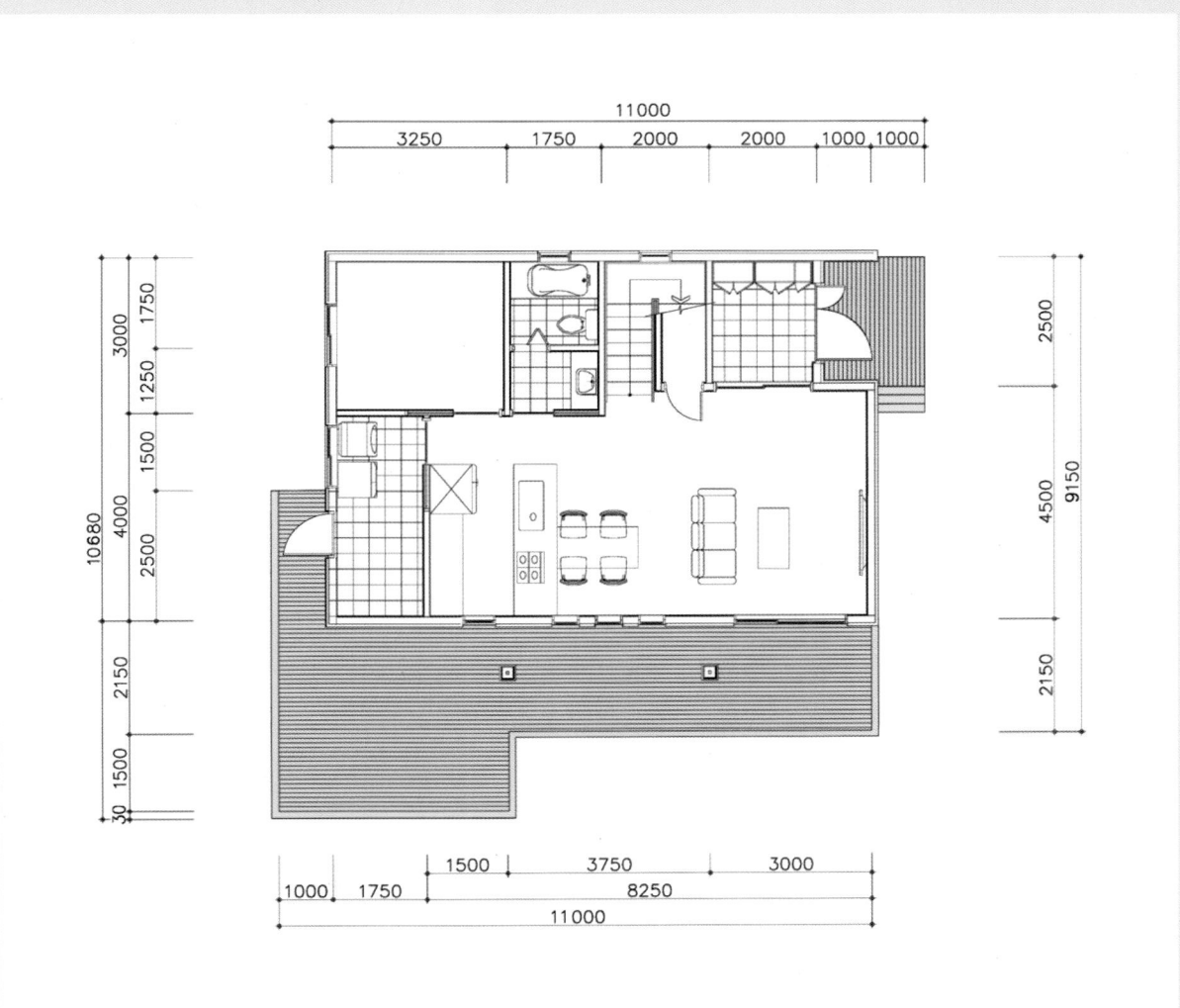

데크가 있는 1층 평면도

03_ 주택의 정면은 포치와 발코니로 포인트를 주어 외관미를 살렸다.
04_ 현관의 모습으로 비를 피할 수 있는 여유 공간을 두었다.
05_ 크롤형 줄기초를 하여 그 높이만큼 계단으로 데크의 높이를 조절하였다.
06_ 건물의 우측 언덕에서 바라본 측면의 간결한 모습이다.

07_ 간결하고 깔끔한 건물 이미지에 어울리는 단순한 형태의 낮은 데크다.
08_ 건물 정면에 주방으로 이어지는 ㄱ자형의 넓은 데크를 깔았다.
09_ 데크 옆에 수돗가를 설치해 생활공간으로써 으로써 데크의 활용도를 높였다.

10_ 데크 앞에 모래밭을 만들어 아이들이 놀 수 있는 공간을 조성하였다.
11_ 거실과 데크 사이에 이동식 쪽마루를 놓아 거실 창으로의 출입이 편리하다.
12_ 기둥·보 중목구조의 서까래가 드러난 오픈천장으로 인테리어 효과를 냈다.
13_ 데크의 유지관리를 위해서 목재 보호 기능을 가진 오일스테인을 1년에 한 번씩은 칠해주어야 한다.

14_ 파벽돌과 흰색의 규조토 벽체로 마감한 카페 같은 분위기의 주방이다.
15_ 주방에서 바라본 거실로 거실, 식당, 주방이 일직선상에 놓이는 LDK구조이다.

3장 | 전원주택 데크 사례  177

흰 스타코플렉스 외벽과 빨간 지붕으로 마감한 지중해풍 스웨덴하우스 타입의 단아한 주택이다.

**양평 석장리 C씨댁(12호)**

# 모래밭과 파고라를 조합한 데크

**위치**_경기도 양평군 개군면 석장리 숲속마을
**건축형태**_경량목구조
**대지면적**_364㎡(110.11py)
**건축면적**_116.57㎡(35.26py)
**데크면적**_39.76㎡(12.03py)
**데크설계·시공**_아스카건설

택지개발지구 내 110평 대지에 연면적 35평 규모의 집이다. 좌우대칭형의 전형적인 스웨덴하우스 타입으로 미국·캐나다식 경량목구조에 계단부는 기둥·보 구조로 변화를 주었다. 하얀 울타리와 뻐꾸기창이 돋보이는 도심형 전원주택으로 내부 공간구성은 건축주 가족의 동선과 취향에 맞추었다. 특히 1층 벽과 천장은 시공비 절감을 위해 건축주 부부가 힘을 모아 규조토 마감재로 직접 시공하여 집에 대한 건축주의 애착이 남다르다. 현관 출입구는 3면을 계단식 데크로 처리하여 포치와 함께 시선을 끈다. 건물 한 면에는 마당과 주택을 자연스럽게 연결하는 데크를 설치하고, 데크에 붙여서 한쪽에 모래밭을 만들고 파고라(Pergola)를 설치하여 아이들의 편안한 놀이공간을 마련하였다. 단독주택이란 이점을 최대한 살려 넓은 마당은 아이들에게 비중을 두고, 아파트에서는 마련하기 어려운 개인 놀이공간을 별도로 조성함으로써 집에서도 늘 아이들이 마음껏 뛰어놀며 동심의 꿈을 키워갈 수 있게 했다.

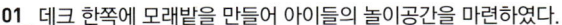

01_ 데크 한쪽에 모래밭을 만들어 아이들의 놀이공간을 마련하였다.
02_ 하얀 울타리와 뻐꾸기창이 더욱 돋보이는 도심형 전원주택이다.
03_ 3면을 계단식으로 처리한 데크와 포치가 시선을 끈다.

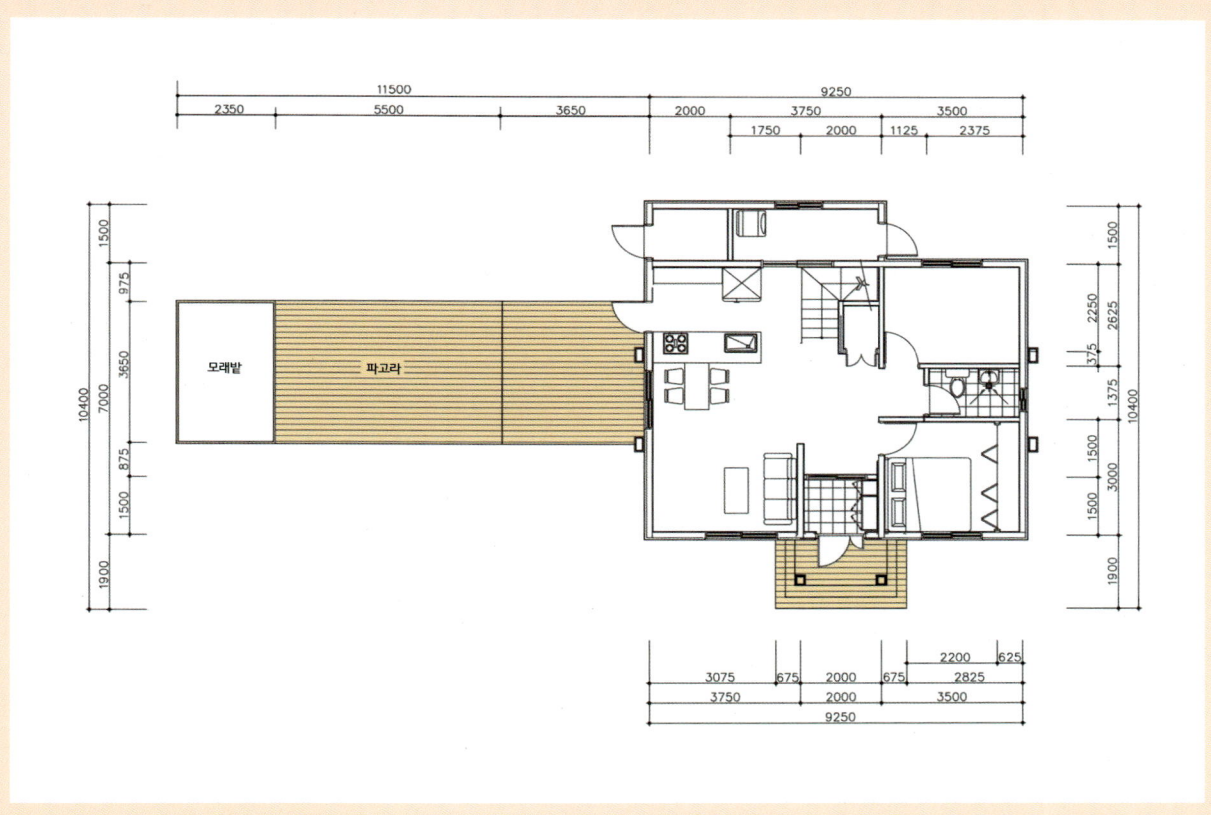

데크가 있는 1층 평면도

**04_** 사면에서 접근이 쉽도록 포치에 데크로 낮은 단의 계단을 만들었다.
**05_** 포치 옆에 직접 만든 벤치가 놓여 있다.
**06_** 정면에서 바라본 현관부의 계단 모습.
**07_** 마당과 건물 내부를 연결하는 10평(33.4㎡) 규모의 넓은 데크이다.

08_ 데크 주변에 동심을 자극하는 물놀이 기구와 장난감들이 놓여 있다.
09_ 지붕이 있어 햇볕을 가릴 수 있는 파고라(Pergola)를 설치하였다.
10_ 홈바를 연상케 하는 내부 거실과 주방으로 미국·캐나다식 경량목구조에 계단부는 기둥·보 구조로 변화를 주었다.

외관은 콘크리트주택 처럼 보이지만 내부는 일본식 중목구조로 지어진 주택이다.

#### 수원 이의동주택
# 쓰임새에 맞춘 목재·석재 데크의 조화

**위치**_경기도 수원시 영통구 이의동
**건축형태**_기둥·보 구조
**대지면적**_347.90㎡(105.24py)
**건축면적**_279.6㎡(84.58py)
**데크면적**_51.78㎡(15.66py)
　　　　　　나무데크: 26.56㎡(8.03py), 석재데크: 25.22㎡(7.63py)
**데크설계·시공**_아스카건설

도심에서 그리 멀지 않은 산기슭 아래 고고한 성처럼 튼실하고 무게감이 있는 주택이다. 언뜻 콘크리트주택처럼 보이지만 내부는 기둥과 보가 노출된 일본식 중목구조로 나무에서 오는 시각적인 편안함과 중후함을 느낄 수 있다. 주택의 평면은 몸이 불편한 안주인을 위해 한 지붕 아래 별채를 둔 구조로 외부에 목재데크를 깔고 그 위에 들마루를 놓았다. 한옥의 툇마루와 같이 외부로 개방된 데크는 내·외부를 잇는 완충공간 역할을 한다. 이런 목재데크를 보호하기 위해 전면과 좌측면의 처마에 폴리카보네이트(유리의 100배 이상 내구성을 가진 것으로 알려진 폴리카보네이트는 유리처럼 투명하면서도 자외선 차단능력이나 충격강도, 열효율, 내후성이 뛰어나며, 유연한 성질로 가공성이 우수하여 차양으로 많이 쓰이는 건축자재이다.) 차양을 덧댄 눈썹지붕을 달아 내어 빗물이 들이치는 것을 예방하였다. 데크재도 사람의 발길이 빈번한 현관부와 파티오는 내구성이 강한 석재데크로, 나머지 부분은 목재데크를 설치해 사용빈도에 따라 자재를 달리함으로써 실용성과 디자인적인 측면을 모두 고려하였다.

01_ 수려한 경관의 전원주택지에 외부조망을 최우선으로 하여 데크로 동선을 자연스럽게 연결하였다.
02_ 경사지를 이용한 지하 1층의 창고 겸 차고이다.

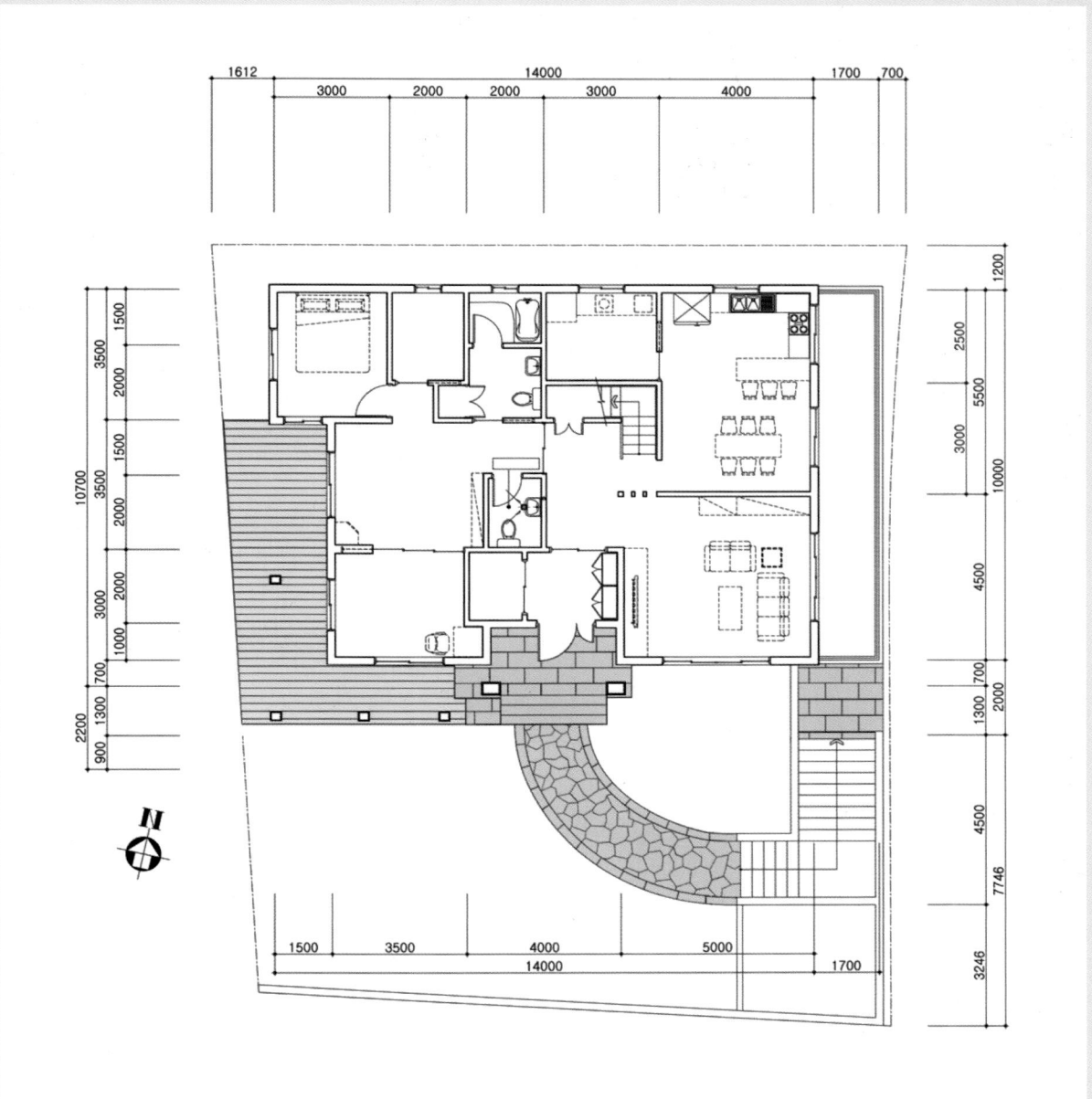

**데크와 파티오가 있는 1층 평면도**

03_ 도심에서 멀지 않은 곳에 고고한 성처럼 지어진 중후하고 무게감이 있는 주택이다.
04_ 1, 2층을 연결한 웅장한 포치가 시선을 모은다.
05_ 평면은 몸이 불편한 안주인을 위해서 한 지붕 아래 별채 개념으로 구성하였다.

06_ 전면과 좌측면의 처마 아래에 폴리카보네이트 차양을 덧댄 눈썹지붕을 달아 기능을 보완하였다.
07_ 쓰임새에 맞게 나무데크와 석재데크를 조화롭게 설치하였다.
08_ 폴리카보네이트 차양 밑의 목재데크는 안채로 이어진다.
09_ 외부에 개방된 처마 밑에 목재데크를 깔고 그 위에 들마루를 놓았다.

10_ 폴리카보네이트는 유리와 같이 투명하면서도 성질이 유연하고 가공성이 우수하여 차양으로 활용도가 높다.
11_ 6×6(144×144mm) 구조재로 기둥을 세우고 접합부의 결합 강도를 높이기 위하여 규격화된 보강철물을 대었다.
12_ 간결한 구조로 기능성이 뛰어난 처마이다.
13_ 현관에서 바라본 잘 꾸며진 진입로의 모습.

14_ 현관부는 정형화된 현무암 석재로 마무리하고 파티오는 비정형의 현무암 석재로 마감하여 견고하고 관리가 반영구적이다.
15_ 주차장 위의 여유 공간에도 석재데크를 깔아 깔끔하게 마무리하였다.

비쥬얼적인 요소가 더해진 모던스타일 전원주택이다.

**양평 봉상리 K씨댁**

# 집주인이 손수 디자인한 데크

**위치**_경기도 양평군 단월면 봉상리
**건축형태**_철근콘크리트구조
**대지면적**_835㎡(252.59py)
**건축면적**_256㎡(77.44py)
**데크면적**_95㎡(28.74py)
**데크설계·시공**_건축주 직영

K씨댁은 패션디자이너인 건축주 부부의 남다른 디자인 감각이 깃들여진 집이다. 3층까지 개방하여 갤러리를 연상케 하는 거실과 층마다 마련한 테라스 등 비주얼적인 요소를 더하여 주택의 내·외관을 살린 모던스타일 주택이다. 여기에 데크와 조경공간도 집주인이 직접 설계하고 디자인하였다. 데크와 조경은 현대 전원주택에서 외부공간을 아름답게 꾸미는 중요한 요소로 빼놓을 수 없는 부분이다. 처음부터 비용을 감수하고 전문가의 손을 빌어 완성할 수도 있겠지만, 집을 지은 뒤 건축주의 손으로도 얼마든지 꾸밀 수 있다. 이런 점에서 K씨댁은 하나의 좋은 사례로 꼽는다. 건축주는 디자인 감각을 살려 모던스타일 건물에 어울리는 단순한 형태의 데크와 정원을 개성 있게 표현하였다. 우선 건물과 마당의 단 차이는 계단식 데크로 해결하고 거실과 식당의 실내공간을 데크와 연결하여 완충공간을 둠으로써 실생활에서의 활용도를 높이는 데 중점을 두었다. 데크 앞에는 흰색 건물에 맞추어 백석으로 화단을 꾸미고 관상 가치가 있는 반송을 포인트로 심어 데크에 싱그러움을 더하는 한편, 데크 옆에 아담한 야생화 조원을 조성하여 식당에 앉아서도 정원을 바라보며 계절의 아름다움을 느낄 수 있게 설계하였다.

01_ 테라스의 집이라 불릴 만큼 층마다 테라스를 두었다.
02_ 도로에서 바라본 화이트 톤의 화사한 주택 전경.

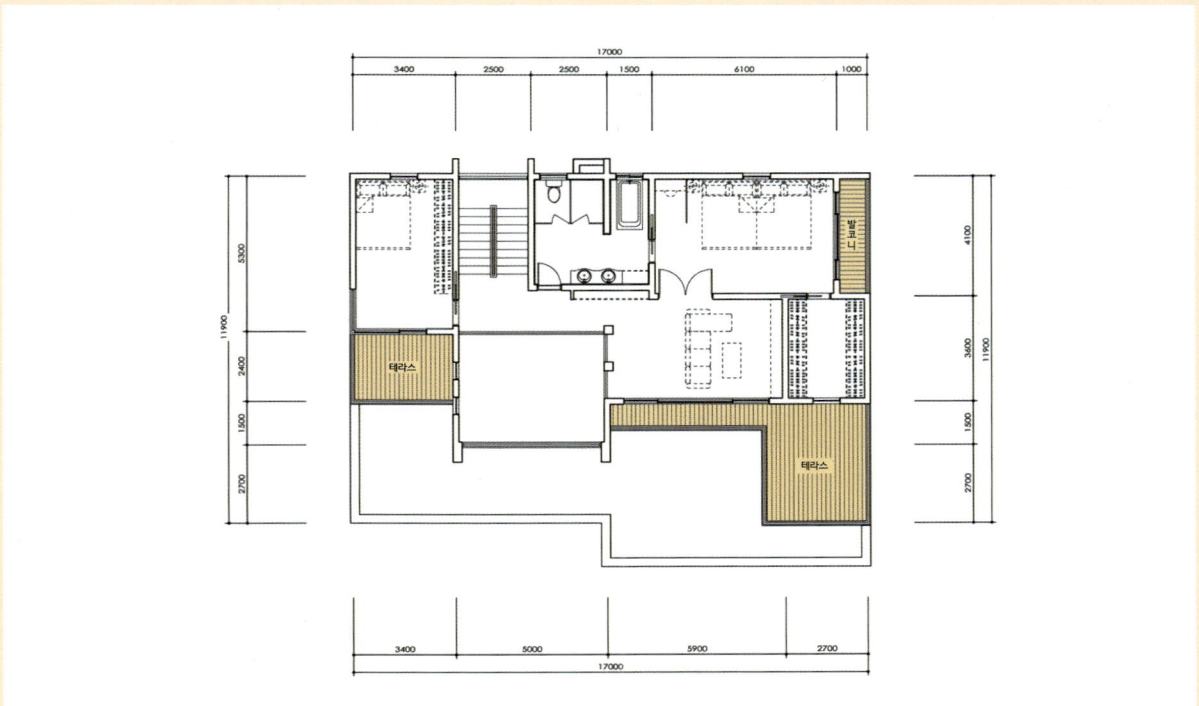

테라스가 있는 2층 평면도

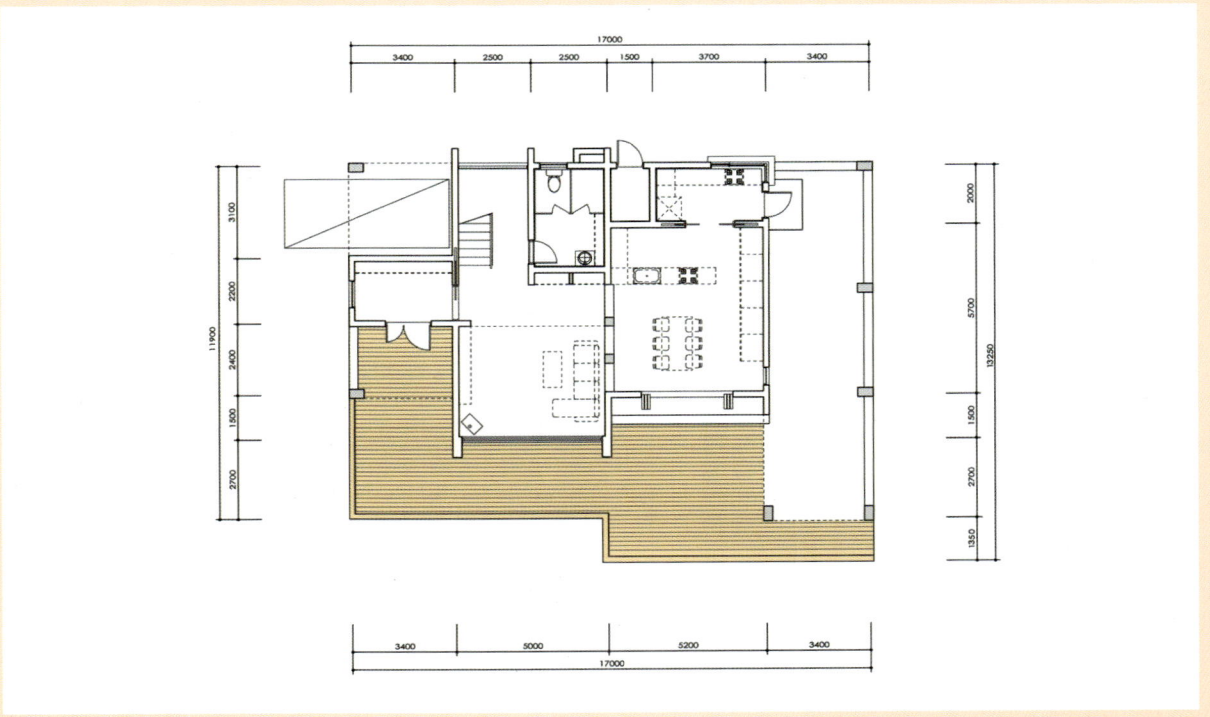

데크가 있는 1층 평면도

3장 | 전원주택 데크 사례　**195**

03_ 건물 전면에 데크를 설치해 거실, 식당과 연결함으로써 일상의 편리함과 활용가치를 높였다.

04_ 사각 매스를 겹겹이 쌓아 올린 형태로 포치와 2층 위에 테라스를 만들었다.

05_ 주택 후면의 모습.

06_ 데크 앞에 백석으로 깔끔하게 화단을 조성하여 흰색 건물과 매치시켰다.
07_ 백석을 깐 화단에 관상가치가 있는 반송을 포인트로 심었다.
08_ 건물과 마당의 단 차이는 계단식 데크로 해결하였다.
09_ 데크 옆에 야생화 정원을 꾸며 식당에 앉아서도 자연의 아름다움을 감상할 수 있다.

**10_** 우리 전통한옥의 대청마루 같은 역할을 하는 데크는 주택 내부의 생활공간과 외부의 자연공간을 연결해 주는 독립된 전이공간이다.

**11_** 데크는 거실, 식당, 입구와 이어지도록 건물 전면에 길게 설치하였다.

**12_** 데크재는 화학처리를 하지 않아도 되는 천연 방부목인 방킬라이, 멀바우, 이페 등을 사용하는 사례가 점차 늘고 있다.

**13_** 낮은 데크를 깐 입구에 디딤목과 디딤돌을 놓아 동선을 유도한다.

14_ 데크 위에 설치한 철제 그네.
15, 16_ 눈비를 피할 수 있는 파고라 주차장이다.
17_ 말끔한 주택입구의 모습.

친환경적인 목조주택과 정성이 깃든 정원이 주변의 자연환경과 일체감을 이루며 풍경을 만든다.

### 양평 봉상리 M씨댁
# 화원 같은 정원과 데크의 이중주

**위치**_ 경기도 양평군 단월면 봉상리
**건축형태**_ 일반목구조
**대지면적**_ 998㎡(301.9py)
**건축면적**_ 199㎡(60.2py)
**데크면적**_ 92㎡(27.83py)

정원을 화원처럼 잘 가꾸어 놓은 이 주택은 주변 자연환경과 어우러지면서 고급주택의 면모를 잘 드러내고 있다. 건물은 152㎡(46py) 규모의 2층 목조주택인 본채와 46㎡(14py) 규모의 별채, 지붕 있는 파고라 형태의 차고가 일자형으로 배치되어 있고, 나머지 842㎡(255py)의 넓은 공간은 모두 데크와 정원으로 이루어져 있다. 전원주택에서 잘 다듬고 가꾸어 놓은 아름다운 정원은 한정된 내부 생활공간으로부터 탈피해 외부의 넉넉한 자연과 교감함으로써 때로는 마음을 바로 세우는 도장이 되기도 한다. 대문을 들어서면 잔디 사이로 동선을 유도하는 디딤돌이 깔려있고, 잘 관리한 잔디마당과 개울을 지나면서 데크를 두른 외관에 시선이 끌린다. 집 주위를 꼼꼼히 둘러보면 아기자기하고 정성스럽게 가꾸어 놓은 조경에 매료된다. 데크는 보다 가까이서 자연을 접할 수 있고 심리적 안정감을 주는 곳으로 전원주택의 꽃이라 불릴 만큼 어떻게 틀을 짜고 모양을 내느냐에 따라서 주택의 외관을 돋보이게 하는 데 큰 몫을 한다.

01_ 정원 양쪽으로 자연석과 판석을 이용해 만든 화단이 깔끔하게 잘 정돈되어 있다.
02_ 주택과 정원을 이어주는 데크는 자연과 함께 집 외관의 품격을 높여준다.

03_ 46㎡(14py) 규모의 ㄱ자형 별채로 아들 내외가 주말 주택으로 사용한다.
04_ 데크는 어떻게 틀을 짜고 모양을 잡느냐에 따라서 주택 외관의 분위기를 조성하는 데 한 몫을 한다.
05_ 넓게 설치한 데크는 외부로 나가는 통로 겸 생활공간으로써 그 활용가치가 크다.
06_ 전원주택의 친근감이 느껴지는 낮은 돌담과 대문이다.

07_ 본채에서 바라본 입구의 모습.
08_ 각종 조경수와 야생화, 작은 연못과 개울이 흐르는 정원의 풍경은 마치 작은 수목원을 보는 듯 하다.
09_ 데크를 지나 개울 사이에 판석과 평석교를 놓고, 이어 대문으로 향하는 동선에 디딤돌을 놓았다.

10_ 독립된 별채는 데크를 통해 본채와 연결되어 있다.
11_ 파라솔과 원형테이블을 놓아 편안한 휴식공간으로 활용하고 있는 데크다.
12_ 잔디마당 한쪽에 의자 일체형 테이블이 놓여 있다.

13_ 본채와 별채 사이에 개울이 흐르고 그 옆으로 누운 조형향나무가 자리를 잡았다.
14_ 시원스럽게 활짝 열린 낮은 대문과 잔디마당, 자연이 하모니를 이루며 아름다운 풍경을 이루는 집이다.
15_ 세로 패턴으로 시공한 본채 데크로 위에서 바라본 모습이다.

16_ 눈비를 피할 수 있는 지붕 있는 파고라 주차장이다.
17_ 파고라 주차장 밑에서 바라다본 정원의 모습.

데크에 다양한 분화가 가득 놓여있고 그 밑에 조성한 계단식 미니정원에는 각종 조경수와 야생화가 자라고 있다.

**고양 대자동주택**

# 각종 야생화가 가득 찬 데크

**위치**_경기도 고양시 덕양구 대자동
**건축형태**_일반목구조
**대지면적**_505㎡(152.76py)
**건축면적**_160㎡(48.4py)
**데크면적**_24㎡(7.26py)

전원주택의 품격을 한층 더 높여주는 데크는 가까이서 자연경관을 마음껏 조망하며 여유로운 휴식을 즐길 수 있다는 데 매력이 있다. 이렇게 자연의 혜택을 누릴 수 있다는 점에서 데크는 회색빛 도심의 사람들에게는 갖고 싶고 머물고 싶은 공간이기도 하다. 아파트 생활을 정리하고 허름한 시골집에서 시작한 안주인의 야생화 사랑이 이제는 나지막한 언덕 위에 잘 짜인 데크와 정원, 채소밭과 비닐하우스, 주차장 등을 두루 갖춘 어엿한 현대식 전원주택 공간으로 옮겨와 더욱 그 빛을 발하고 있다. 주로 가족이 함께 모여 식사도 하고 담소도 나누며 여가를 즐기는 공간인 데크에 난간마다 안주인은 지극정성으로 가꾼 각종 야생화를 빼곡히 놓아 기르고 있다. 그동안 300여 종으로 늘어난 야생화 식구들이 데크와 정원 곳곳에 들어앉아 밝은 햇살을 받으며 계절마다 아름다움과 즐거움을 선사한다. 데크 앞으로 둔덕을 만들고 다양한 야생화와 키 작은 나무를 심어 싱그러움은 한층 더한다. 이외에도 안주인은 도자기, 항아리, 토분, 기와, 돌판 등 다양한 생활 소재를 이용하여 늘 야생화를 심고 기르며 생활의 즐거움을 만끽하고 있다.

01_ 언덕 위에 지어져 더욱 돋보이는 현대식 전원주택이다.
02_ 주택 측면에 조경석으로 단을 쌓고 낮은 생울타리로 개방감을 살린 주택이다.

**03_** 나무를 가로 세로로 얽어 만든 파고라(pergola) 아래에 덩굴식물을 심으면 자연스럽게 타고 올라가 운치를 더한다.
**04_** 경사지에 키가 작은 반송, 소나무, 공작단풍, 복숭아나무 등을 심어 정원을 조성하였다.
**05_** 데크에는 수 백 종의 분화가 가득히 놓여 있다.
**06_** 푸른 잔디와 싱그러운 채소가 자라고 있는 후문 모습.

07_ 야생화 사랑이 지극한 안주인 덕에 데크는 온통 야생화 차지다.
08_ 데크 바닥, 난간대에도 다양한 분화가 빈틈없이 놓여 있다.
09_ 배수를 고려해 나무로 낮은 단을 만들고 그 위에 화분들을 진열하였다.

10_ 나무, 돌, 기와, 항아리 등 다양한 조경 소재들이 보는 재미를 더한다.
11_ 취미로 정원 가꾸기를 즐거움으로 삼고 있는 주인의 정성으로 정원 곳곳은 볼거리로 가득하다.
12_ 데크 난간에 컨테이너를 달아 내고 분화를 담아 아름답게 꾸몄다.

13_ 300여 종으로 늘어난 야생화 식구들이 데크 여기 저기를 싱그럽게 장식하고 있다.
14_ 화분도 정형화된 틀을 벗어나 항아리, 토분, 기와, 돌판 등 토속적인 다양한 생활 소재로 자연스러움을 더하였다.
15_ 정원 한쪽 모퉁이에 있는 장독대와 수돗가의 모습.

16_ 필로티로 띄운 데크에 장독대를 만들었다.
17_ 출입구에 설치한 낮은 단의 데크 계단.
18_ 출입구에서 본 데크의 모습.
19_ 2층에서 내려다본 1층 데크의 모습으로 난간대에 각종 화분들이 즐비하다.

거실과 식당이 면해 있는 동쪽에 데크를 설치하고 주정원을 조성하였다.

**양평 용천리주택**

# 핸드메이드로 완성한 예술품 같은 데크

**위치**_경기도 양평군 옥천면 용천리
**건축형태**_기둥·보 구조
**대지면적**_640㎡(193.6py)
**건축면적**_240㎡(72.6py)
**데크면적**_102㎡(30.86py)
**데크설계·시공**_이제공방

물 좋고 공기 좋은 고급전원주택단지 포레스트힐은 해발 500~600m 산속의 높은 지대에 자리한다. 뒤로는 웅장한 산세를 배경으로 아늑하고, 앞으로는 남한강이 훤히 내려다보이는 천혜의 경관을 이룬다. 이곳에 마치 공들여 예술작품을 만들 듯 1년여에 걸쳐 짜맞춤공법으로 기둥·보 구조의 전원주택을 지었다. 건물 외부는 조각하듯 핸드메이드로 만든 난간을 두른 라운드형 데크가 주택의 품격을 고조시키고, 건물 주변에는 지형에 맞추어 낮게 설치한 난간 없는 데크가 자연스럽게 주정원으로 이어지면서 균형 잡힌 뜨락을 형성하고 있다. 또한, 1층 생활공간인 식당 전면에는 시원스런 통창을, 거실과 응접실 앞에는 필로티로 띄운 라운드형 데크를 설치하고, 2층 안방 앞에 돌출형 목조 테라스를 만들어 주정원과 남한강 풍경을 한눈에 조망할 수 있다. 전체적으로 직선과 곡선, 전통과 현대적인 요소들을 조화롭게 접목하고, 야생화, 돌, 물, 나무 등 주변의 자연 요소들을 끌어들임으로써 집과 조경, 데크, 자연물이 한데 어우러진 자연스럽고 운치 있는 공간으로, 꿈과 감성이 물씬 배어나는 한 폭의 그림 같은 집이다.

**01_** 웅장한 산세를 배경으로 아늑하면서도 앞으로는 남한강이 훤히 내려다보이는 천혜의 경관을 갖춘 전망 좋은 집이다.
**02_** 남향인 안방과 거실, 응접실 앞에 데크를 설치해 남한강을 한 눈에 조망할 수 있다.

03_ 건물 좌우가 대칭인 듯 하면서 조금씩 다른 비대칭을 이룬다.
04_ 게스트룸으로 연결되는 낮은 목재 샛문이다.
05_ 경사지를 살려 밑에는 주차장을 만들고 그 위로 건물을 앉혀 조망감이 탁월하다.
06_ 담을 두르지 않은 경사진 정원의 속살이 고스란히 드러나 보인다.

**07_** 정원과 데크가 어우러진 감성이 살아 있는 공간이다.
**08_** 필로티로 띄운 라운드형 데크의 모습.
**09_** 건물 측면에서 바라본 모습으로 직선과 곡선이 조화를 이룬다.

10_ 라운드형 데크 밑에 수돗가가 있고 그 옆으로 단풍나무, 산철쭉, 눈향나무를 심었다.
11_ 거실과 1층의 돌출된 식당 옆으로 데크를 만들고 동쪽에 주정원을 배치하였다.

12_ 건물 주변을 빙 둘러 조각하듯 라운드형 데크를 만들고 핸드메이드 난간으로 데크의 완성도를 높였다.
13_ 식당 옆에는 지형에 맞춰 난간 없는 낮은 데크를 만들었다.
14_ 게스트룸으로 연결되는 낮은 목재 샛문이다.

15_ ㄴ자형의 건물로 정면 2칸, 측면 1칸의 一자형 황토주택에 바비큐 파티를 위해 삼면을 포치형태로 연결하였다.
16_ 핸드메이드 난간을 설치한 황토주택 측면 모습.
17_ 옆 필지에 지은 구들방이 있는 소형 황토주택이 자연과 일체감을 이루며 풍경을 이룬다.

How to make
DECK

# PART .4

## 상업공간·공공시설 데크 사례

01. 김포 플로체   226p
02. 양평 더그림   232p
03. 양평 솔베르크   240p
04. 양주 헤세의 정원   248p
05. 한수종합조경 생태연못   256p
06. 한수그린텍 조경   264p
07. 일산호수공원 애수교   272p
08. 일산호수공원 생태공원   280p
09. 선유도 환경물놀이터   288p
10. 선유도공원 전망대   296p
11. 평화의 공원   304p

야생화에 심취된 안주인이 오래전부터 조원(造園)한 곳에 전원카페를 지었다.

김포 플로체

# 목가적 풍광이 넓게 펼쳐진 데크

**위치**_경기도 김포시 월곶면 고막리
**건축형태**_철근콘크리트구조
**대지면적**_1,434㎡(433.79py)
**건축면적**_306㎡(92.57py)
**데크면적**_76㎡(22.99py)

전원카페는 도심지의 카페와는 달리 야외에서 자연경관을 조망하며 여유로운 휴식과 낭만을 즐길 수 있다는 이점이 있다. 이곳은 음악의 선율과 함께 자연의 신선한 공기를 마실 수 있는 정신적인 힐링 장소로, 도시 손님들이 선호하는 곳 중 하나다. 이런 곳에 시원스럽게 펼쳐진 옥외 데크는 카페 내·외부공간을 이어주어 옥외 테이블에 앉아서도 편안하게 음악을 들으며 차 한잔의 여유를 누릴 수 있는 공간으로 전원카페의 좋은 이미지 형성에도 중요한 부분이다. 이탈리아풍의 전원카페 겸 패밀리레스토랑인 플로체는 야생화에 심취된 안주인이 오래전부터 주변에 빙 둘러 야생화로 조원(造園) 한 곳에 지어졌다. 단정하게 정리된 잔디밭을 중심으로 좌·우측에 건물을 배치하고, 느티나무 그늘 밑에는 낮은 데크 무대를 만들어 테이블과 파라솔을 비치하였다. 전원카페는 무엇보다 전망이 중요 포인트다. 저수지가 가장 잘 내려다 보이는 위치에 플로체와 데크를 배치하고, 그 옆으로 바람이 잘 통하는 사각지붕의 가제보(gazebo)를 설치하였다. 지면보다 반 층 가량 높여 수제(手製) 난간을 두른 다단데크는 조망권을 확보하여 주변 경치를 감상하기에 더없이 좋은 디자인이다. 눈 앞에 목가적인 풍경이 시원스럽게 펼쳐진 플로체는 저수지 속으로 떨어지는 노을을 감상할 수 있는 아름다운 전원카페이다.

**01_** 단정하게 정리한 잔디밭을 중심으로 좌·우측에 건물을 배치하고 가운데에 무대를 만들었다.
**02_** 경사지의 고저차는 데크 계단을 놓아 해결하였다.

03_ 느티나무 그늘 밑에 낮은 데크 무대를 만들고 라운드형 테이블과 파라솔을 비치하였다.
04_ 본채의 모습으로 잔디마당의 디딤돌이 동선을 유도한다.
05_ 잔디마당을 중심으로 플로체 건물과 가제보가 있는 데크가 보이고 주변에는 야생화가 가득하다.

06_ 플로체는 저수지 옆에 지은 이탈리아풍의 단층 전원카페로 필로티로 띄운 데크 밑 부분을 창고로 활용하고 있다.
07_ 지면보다 반 층 가량 높이고 수제(手製) 난간을 설치한 다단 데크로 조망권 확보에 좋은 형태의 데크이다.
08_ 저수지 속으로 지는 노을을 바라볼 수 있는 곳에 사면 바람이 잘 통하는 사각지붕의 가제보(gazebo)를 설치하였다.

09_ 플로체 카페에서 저수지로 바로 접근할 수 있는 계단을 설치하였다.
10_ 저수지와 접해 있는 데크 앞으로 산책로를 만들었다.
11_ 튼실하게 짜진 계단 상세.

유럽풍 스타일의 건물과 주인장의 손길이 담긴 야생화 조경이 어우러진 한 폭의 그림같은 아름다운 곳이다.

### 양평 더그림
# 영화, CF 촬영장소의 데크

**위치**_경기도 양평군 옥천면 용천리 564-7
**건축형태**_일반목구조
**대지면적**_4,958㎡(1,499.8py)
**건축면적**_327㎡(98.92py)
**데크면적**_205㎡(62.01py)
**취재협조**_(주)양평더그림 T.070_4257_2210

'더그림'에는 드라마나 영화, CF 촬영장소로 많이 활용하는 풍경화 건물, 차 한 잔의 여유와 함께 생활용품 쇼핑까지 할 수 있는 수채화 건물, 커플들을 위한 조용한 분위기의 수묵화 건물 세 동이 자리하고 있다. 소나무가 울창한 뒷산과 유럽식 건물이 약 1,500평의 정원과 어우러져 사계절 내내 계곡의 물소리를 들을 수 있는 멋진 경치를 자랑하는 곳이다. 더그림은 드라마나 영화, CF의 단골 촬영장소로 사랑받고 있으며, 연인들의 이벤트 및 프러포즈 장소로도 유명하다. 풍경화 건물의 외부공간에 데크를 설치해 주택의 외관을 한 층 돋보이게 하고 생활공간으로도 적극 활용하고 있다. 전면 좌측에는 지면보다 반 층 가량 높여 설치한 데크가 조망권을 확대하여 주변 경치를 감상하기에 더없이 좋다. 주택 후면에도 식당과 다용도실이 이어지는 넓은 데크를 만들고 단조철물로 만든 정자에 테이블과 의자, 바비큐 그릴 등을 갖춰 가든파티 장소로 활용하고 있으며, 조리대와 개수대까지 갖춰 즉석요리도 즐길 수 있다. 유럽풍의 건물과 야생화 조경이 어우러져 한 폭의 그림보다 더 그림같은 '더그림'은 오감을 충족하기에 충분한 곳이다.

01_ 데크 밑은 청소용품이나 집기를 보관하는 창고로 활용하고 있다.
02_ 지면보다 반 층 가량 높여 설치한 데크.

03_ 산뜻한 노란색 쌍둥이 파라솔이 시선을 끈다.
04_ 푸른 잔디가 마당을 뒤덮은 그린 정원, 그림보다 더 그림 같아서 '더그림'이다.
05_ 면마다 창을 낸 방 앞쪽으로 차를 마시며 쉴 수 있는 데크를 설치하였다.

06_ 서로 다른 재질의 잔디, 판석, 나무로 이루어진 어프로치(Approach)의 조화로운 모습이다.
07_ 단풍나무 밑에 널찍한 평상을 놓았다.
08_ 카페 안에서의 차경이 한 폭의 그림이다. 너른 그린 잔디마당을 내려다보며 차 한 잔의 여유를 누리기에 좋은 곳이다.
09_ 포치를 포함한 건물 정면에 데크를 설치했다.

10_ 잡초 하나 없이 잘 관리한 정원 곳곳엔 허브와 다육식물, 야생화가 무성하게 자라고 있다.
11_ 건물 정면 데크에 철제 단조난간을 둘렀다.
12_ 집 뒤쪽의 계곡에서 물을 끌어와 만든 연못 주위로 푸른 나무와 야생화들이 자라고 있다.
13_ 어느 것 하나 흐트러짐 없이 잘 정돈한 말쑥한 정원이다.

14_ 후정의 데크에서 바라보면 산의 실루엣이 그림처럼 펼쳐지는 아름다운 곳이다.
15_ 본채인 풍경화 건물 후정 모습으로 데크가 산과 바로 잇는 매개 역할을 하고 있다.
16_ 뒤편에 울창한 나무의 차폐효과로 데크는 더욱 아늑한 분위기이다.
17_ 소나무를 자연 그대로 유지한 채 데크를 깔고 울타리 쪽에 긴 의자를 설치하였다.

18_ 비바람을 피할 수 있는 단조철물로 만든 정자가 설치되어 있다.
19_ 단조철물로 만든 정자에 테이블과 의자, 바비큐 그릴 등을 갖춰 가든파티 장소로 활용한다.
20_ 소나무가 울창한 산 옆으로 계곡 물을 끌어들여 물소리를 들으며 걸을 수 있도록 디딤돌을 놓았다.
21_ 커플들을 위한 조용한 분위기의 산수화 건물 입구이다.
22_ 데크 위에 실제 굴러가는 차를 진열하여 촬영장소로 활용하고 있다.
23_ 평난간을 두른 육각형 모양의 전통정자 주변에 조성한 연못에는 다양한 수생식물들이 자라고 있다.

독일풍의 펜션과 데크가 주변 산세와 어우러져 이국적인 정취를 자아낸다.

### 양평 솔베르크

# 유럽식 목조건물의 짜맞춤식 데크

**위치**_경기도 양평군 옥천면 용천리 148-1
**건축형태**_일반목구조
**대지면적**_4,960㎡(1,500.4py)
**조경면적**_1,653㎡(500.03py)
**데크면적**_254㎡(76.84py)
**취재협조**_솔베르크 T.031_771_7262

건물의 미적 가치를 높여주는 데크는 실생활의 활용 범위를 넓혀 전원주택뿐만 아니라 펜션, 카페 등 그 시공범위가 매우 넓다. 펜션과 카페를 겸한 솔베르크는 미적인 감각과 감성이 묻어나는 유럽식 건물에 넓은 정원, 테라스와 발코니, 경사지에 필로티로 띄워 만든 데크가 마치 성곽처럼 펼쳐져 어디서든 탁 트인 전망을 자랑한다. 건축주가 생활했던 독일의 아름다운 한 작은 마을, 솔베르크의 느낌을 살려 연출한 이국적인 정취에다 한국의 전통적인 요소를 더해 조성한 정원은 주변의 산줄기, 물줄기와 어우러져 깊은 자연미를 선사한다. 자연경관을 최대한 살리기 위해 계단식으로 주정원, 데크, 건물, 후정 순으로 배치하여 조망감을 극대화하였다. 독특한 유럽식 건물의 전면에 설치한 수제난간의 짜맞춤식 데크에는 나무로 만든 우산형 쉼터가 여러 개 놓여 있다. 데크 끝을 상징처럼 마무리한 첨탑형 건물과 밑으로 개울물이 흐르는 구름다리, 그 너머 멋진 정자, 주정원의 넓은 잔디밭과 벤치, 그네 등 곳곳에 쉴 수 있는 다양한 조경시설물들이 수목과 함께 조화롭게 배치되어 있어 누구든 지친 심신의 치유를 위해 찾아가 볼 만한 좋은 장소이다.

01_ 수제난간으로 짜맞춤하여 만든 데크이다.
02_ 펜션으로 이어지는 메인 데크에 나무로 만든 우산형 쉼터를 제작해 배치하였다.

03_ 주정원에는 넓은 잔디밭이 있고 가장자리에 수영장을 만들었다.
04_ 건물과 정원의 조화로움, 나무가 무성한 정원의 감성적인 풍경은 '솔베르크' 성(城)의 성주(城主)인 안귀란 여사가 1999년 건립 이래부터 시작하여 꾸준하게 노력한 땀과 정성의 결실이다.
05_ 독일풍의 솔베르크 펜션 입구 모습.

06_ 입구의 조형소나무가 펜션과 어우러지며 오는 손님을 맞는다. 카페는 필요에 따라 세미나실로도 개방하고 있다.
07_ 라운드형 발코니와 테라스 난간은 수제(手製)로 짜맞추어 만든 것이다.
08_ 데크의 쉼터와 회랑 끝을 마무리한 종탑 정자가 자연과 함께 멋진 풍경을 만든다.

09_ 한식공법으로 짜맞춤한 회랑으로 연결된 종탑이 이색적이다.
10_ 데크와 회랑이 연결된 종탑, 연못, 장독대가 동서양 문화의 조화를 이룬 풍경이다.
11_ 정원에서 종탑을 바라본 모습으로 한옥의 누마루와 같이 개방된 공간의 구성미가 넘친다.

12_ 단체손님을 위한 펜션에서 '솔뫼각'을 바라다본 데크가 시원스럽게 펼쳐져 있다.
13_ 회랑에서 바라본 본채의 아름다운 전경이다.
14_ 화기가 길어 유럽에서 관상용으로 많이 기른다는 빨간 제라늄 꽃바구니가 난간을 화사하게 장식하고 있다.

**15_** 펜션을 잇는 앞 데크에는 수제로 만든 베란다 쉼터가 곳곳에 마련되어 있다.
**16_** 카페 앞 난간 끝에는 여럿이 앉아 차를 마시며 얘기를 나눌 수 있는 아담한 정자 '솔뫼각'이 자리하고 있다.
**17_** 미관을 해치는 데크 하단을 래티스(Lattice)로 가리고 키 낮은 관목과 야생화를 심어 차폐효과를 냈다.
**18_** 조형미가 있는 메타세쿼이아와 조형소나무, 제라늄과 영산홍이 정원을 아름답게 수놓고 있다.
**19_** 전망 좋은 펜션 2층에 설치한 발코니이다.

Part 4 | 상업공간·공공시설 데크 사례   247

**노르딕하우스 전경.** 헤세의 정원 아이덴티티는 자연 속에 모던함이 공존하는 모던네이처로 건축과 디자인, 서비스, 음식까지 모든 부분에 반영하여 정갈한 세련미를 강조한다.

### 양주 헤세의 정원

# 북유럽 스타일
# 초록 정원의 데크

**위치**_경기도 양주시 장흥면 호국로 550-111(울대리 419)
**건축형태**_철근콘크리트구조
**대지면적**_8,264.46㎡(2,500py)
**건축면적**_991.74㎡(300py)
**데크면적**_661.16㎡(200py)
**취재협조**_헤세의 정원 T.031-877-5111

'헤세의 정원'은 북한산국립공원 둘레길 송추마을 구간에 있는 1만여 평의 복합문화공간이다. 정원 내에는 차를 마실 수 있는 카페와 가족모임부터 고품격 파티와 세미나를 위한 레스토랑, 전시공간, 숙박시설 및 글램핑을 위한 버블텐트 등 다양한 문화공간이 마련되어 있다. 그뿐만 아니라 야외 결혼식을 위한 잔디광장, 운동회와 바비큐 파티를 열 수 있는 넓은 운동장이 조성되어 있어 대규모 행사에도 손색없는 곳이다. 헤세의 정원 아이덴티티는 자연 속에 모던함이 공존하는 모던네이처로 자연과 어우러진 건축과 디자인, 서비스, 음식까지 모든 부분에서 정갈한 세련미를 강조한다. "기능적인 것이 아름답다(Function is beauty)"는 북유럽 디자인의 감성을 담아낸 카페 휘바는 네모반듯한 모던함과 함께 자연과 조화를 이룬 그린 위의 데크, 녹색 자연 위에 떠 있는 듯 멋진 플로팅데크 위에 지어진 배 같은 형상의 현대적 건물이다. 자연 친화적인 설계로 한 그루의 나무도 해치지 않고 그대로 보존하면서 곳곳에 데크를 설치하여 정원 어느 곳에서든 자연을 감상할 수 있다. 해를 거듭할수록 자연의 아름다운 가치가 더해지며 건물과 자연, 자연과 인간이 서로 조화를 이루며 상생하는 아름다운 힐링공간이다.

01_ 폴딩도어를 열어젖히면 실내는 자연과 소통하는 하나의 자연 속 공간이 된다.
   마치 자연을 끌어들인 전통한옥의 대청마루와 같은 공간이다.
02_ 환경 친화적인 노르딕 스타일을 반영한 간결하고 실용적인 나무데크이다.

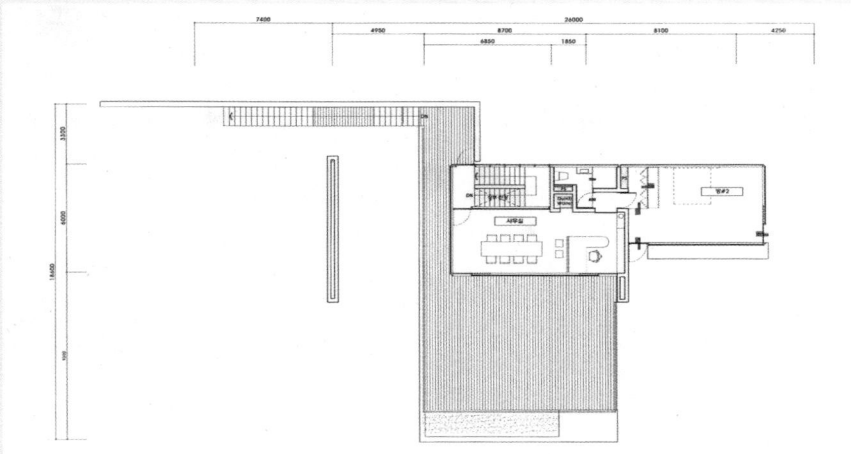

테라스가 있는 2층 평면도

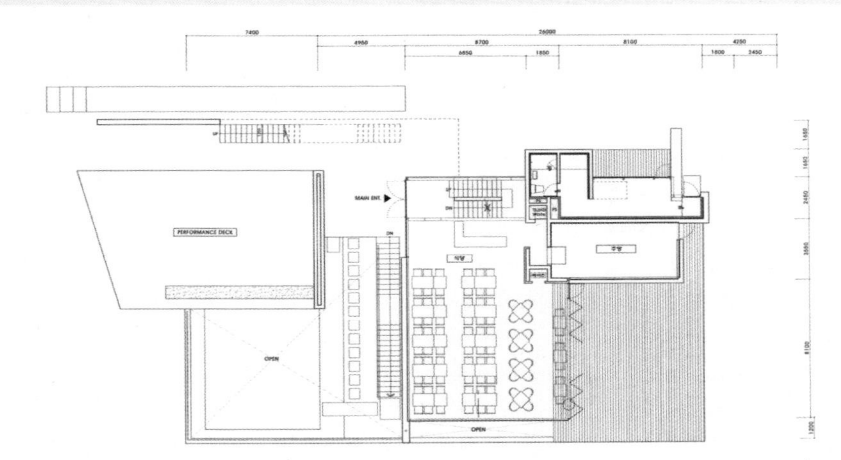

데크가 있는 1층 평면도

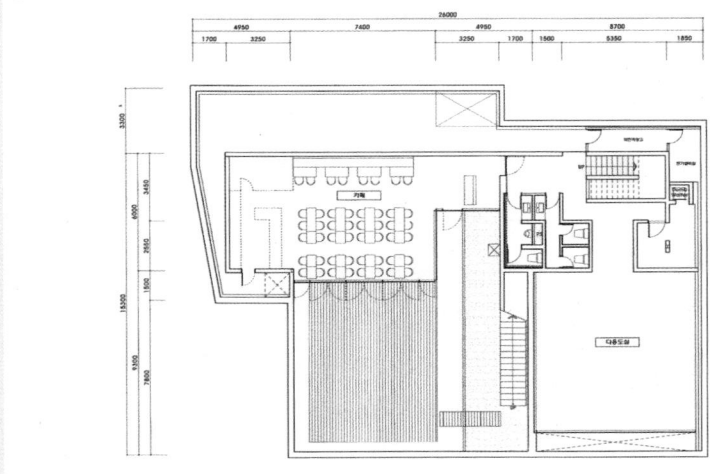

선큰가든이 있는 지하 1층 평면도

Part 4 | 상업공간·공공시설 데크 사례

03_ 자연 친화적인 설계로 데크 어느 곳에서나 자연풍경을 감상할 수 있다.
04_ 2층 사무실 테라스에서 내려다본 데크 모습.
05_ 카페 휘바는 작은 북유럽에 온 듯한 기분이 들게 하는 북유럽 비스트로(카페)이다.
06_ 건물의 디자인은 건축주의 구상대로 모던하면서도 중후한 분위기로 완성하였다.
07_ 인공개울에 흐르는 물과 돌, 나무가 어우러진 운치있는 공간이다.

08_ 넓은 창으로 유입되는 풍성한 자연 채광으로 카페 내부는 양명하고 시원스럽다.
09_ 주변의 야생화와 나무들이 잘 어우러져 시각적인 편안함을 느낄 수 있는 곳이다.
10_ 내부 인테리어는 원목과 유리로 모던하면서도 내추럴한 분위기를 끌어내었다.

11_ 노르딕하우스 2층 테라스로 조원장 대표가 동경하는 작가 헤르만 헤세의 이름을 따서 헤세라운지라 부른다.
12_ 길게 세로로 이어지는 계단식 데크 어프로치다.
13_ 카페 휘바의 입구에서 내려다본 선큰가든의 모습.
14_ 단순하면서도 짜임새 있는 공간미를 보인다.

15_ 채광이나 통풍이 어려운 지하 공간의 불리한 조건을 개선한 선큰가든(Sunken Garden)이다.
16_ 선큰가든에 있는 갤러리H는 다양한 전시와 공연을 할 수 있는 데크무대가 항상 열려있다.
17_ 비를 피할 수 있는 포치가 있는 입구로 2×4(38×90mm) 구조재의 바닥이다.
18_ 모던 한정식과 바비큐를 즐길 수 있는 바베큐 시카(barbecue sika)의 전면에 58.91㎡(17.82py)의 데크를 설치하였다.
19, 20_ 농장 내의 수목을 베거나 옮기지 않는 것을 전제로 설계하여 수목을 자연 그대로 보호한 상태로 데크를 설치하였다.

한수종합조경 내의 선유지(仙遊地)에 설치한 생태연못으로 순환시스템을 갖춰 1급 수질을 자랑한다.

**한수종합조경 생태연못**

# 아치형 목교와
# 데크가 있는 생태연못

**위치**_인천시 강화군 길상면 장흥리 161번지
**전체면적**_429,752㎡(130,000py)
**조경면적**_3,434.71㎡(1,039py)
**데크면적**_201.65㎡(61py)
**조경 및 데크 설계·시공**_한수종합조경

한수종합조경 내의 선유지(仙遊地)에 설치한 생태연못은 독일의 시공법을 들여와 조성한 연못으로 순환시스템을 갖춰 1급 수질을 자랑한다. 생태연못은 경관을 즐길 수 있는 연못구역과 수질을 정화하는 정화구역, 산소를 공급하는 계류 등 크게 세 구역으로 나누어져 있다. 여과과정과 수생식물의 뿌리를 통해 정화과정을 거친 원수를 정화구역에서 펌프로 계류의 상부로 송수하고 계류를 통하여 연못으로 유입하는 물의 순환이 이루어지게 함으로써 생태연못의 완성도를 높였다. 여과층 최상단에는 수생식물이 자라 뿌리에서 유기물을 섭취하여 수질정화를 돕는다. 또한, 연못구역에는 수변식물, 부엽식물, 수중식물, 부유식물 등 30여 종의 수생식물들이 자연적인 조건을 형성하며 물고기가 살 수 있는 환경을 조성한다. 여기에 목재데크는 빼놓을 수 없는 하나의 중요한 조경 요소로 친환경 무방부 데크재인 시다와 레드파인 등을 사용해 목교와 데크를 설치하여 연못 가까이 접근할 수 있고, 쉼터를 만들어 피크닉이나 야외파티를 할 수 있다. 이같이 생태연못을 조성하고 목교나 데크를 설치하여 쉼터를 제공하고 목재플랜트에 식물을 기르는 등 자연에 동화될 수 있는 편안한 분위기로 조경을 연출하는 사례는 점차 늘어나고 있다.

01_ 연못의 깊이는 중심부로 갈수록 점점 깊어져 최대수심 1.5m를 유지하는 것이 수질관리에 적당하다.
02_ 생태연못은 위에서부터 계류, 연못구역, 수영구역, 정화구역으로 이어진다.

03_ 생태연못 옆에 정자와 목재 데크를 함께 시공하여 쉼터를 조성하였다.
04_ 정화된 깨끗한 물이 계류를 통하여 연못으로 유입됨으로써 연못의 조경 효과를 높였다.
05_ 연못 주위에는 우람한 곰솔과 키 큰 나무들이 군데군데 서 있어 원시림의 장중한 분위기가 느껴진다.
06_ 나무숲에 가려진 신비로운 느낌의 정자와 연못에 접근할 수 있는 고샅이다.
07_ 연못구역과 정화구역의 비율은 연못 크기에 따라 다른데, 연못의 규모가 작을수록 비율은 커지고 연못의 규모가 커질수록 비율은 낮아진다. 일반적으로 20~50%의 비율이다.
08_ 연못구역의 30여 종의 수생식물은 자연적으로 물고기가 살 수 있는 환경을 제공한다.

09_ 사면이 터져있는 정면 4칸, 측면 1칸 장방형 삼량가 정자로 가로 12m, 세로 4m로 48㎡(약 15평)의 크기이다.
10_ 정자에서 내려다본 아치형 목교의 모습이다.
11_ 정자 앞에 아치형 데크를 만들고 휴식을 취할 수 있도록 원형 테이블과 흔들침대를 두었다.
12_ 연못을 가로질러 설치한 아치형 목교로 장식효과가 높다.
13_ 아치형 난간을 등받이 삼아 긴 타원형 의자를 설치하였다.
14_ 팔각정자의 팔각바닥은 쪽매세공(조각나무) 패턴이다.
15_ 계단을 설치하여 연못에 가까이 접근할 수 있게 하였다.

Part 4 | 상업공간·공공시설 데크 사례

16, 17_ 지름이 8m인 반원을 어긋나게 설치한 데크로 디자인의 완성도를 높였다.
18_ 정자로 이어지는 동선의 데크, 나무의 차폐효과로 독립적인 공간이 되었다.
19_ 지형의 고저 차는 세 단의 계단으로 처리하였다.

20_ 긴 세월을 견딘 목교 위에 수리의 흔적이 보인다.
21_ 정자 한쪽에서 내려다본 아치형 데크와 목교의 구성미가 아름답다.
22_ 계단과 난간 상세.
23_ 어프로치(Approach)는 목재를 이용해 벽돌처럼 이어주는 우드블록을 사용하였다.

오염된 물을 정화하는 기능을 갖추고 있는 9.5m×15.5m 장방형의 생태연못이다.

### 한수그린텍 조경
# 조경 시설물을 결합한 데크

**위치**_인천시 강화군 길상면 장흥리 161번지
**전체면적**_429,752㎡(130,000py)
**조경면적**_6.094㎡(1,843.44py)
**데크면적**_270㎡(81.68py)
**조경 및 데크 설계·시공**_한수그린텍

한수그룹은 조경 업체로 시작하여 생태와 관련된 생태연못 조성기술, 수질정화용 식물기법개발, 세덤옥상녹화, 보도 및 주차장 잔디보호 투수블럭, 생태복원 설계, 목재시설물 개발 등 인간의 쾌적한 삶을 위해 자연 생태계를 유지·복원하는 데 노력하고 있다. 생태복원 설계와 목재시설물을 주로 취급하는 자회사인 한수그린텍은 목재파고라, 데크 등 시설물만으로 수요를 끌어내는 시기가 지나고 있음에 주목하고, 흐름에 부합한 새로운 아이템 발굴이 중요하다는 판단에 생태복원 및 녹화 분야에 목재 시설물을 결합한 제품을 시장에 공급하고 있다. 이런 목표에 걸맞게 회사에 들어서면 곳곳에 목재시설물을 결합한 다양한 조경물들이 눈에 띄는데 이는 일반인에게도 개방되어 있다. 오염된 물을 정화하는 기능을 갖춘 장방형의 물정원에 데크를 만들고 ㄷ자형 의자를 배치하여 편안하게 생태연못을 둘러볼 수 있다. 또한, 정자 주변에 낮은 데크를 깔고 우드블록 바닥재로 땡볕의 열기를 흡수한다. 자연 친화적인 목재데크로 곳곳에 보도를 만들어 걷기에 불편함이 없게 하고, 주변에는 바위솔, 패랭이 등 햇볕과 건조에 강한 식물을 심는 등 자연 친화적인 요소들을 포괄적으로 끌어내어 완성도 높은 조경작품들을 선보이고 있다.

01_ 데크가 있고 나무와 돌, 물이 조화를 이룬 감성공간이다.
02_ 수질정화용 식물과 목재시설물에 오브제를 결합한 물정원이다.

03_ 데크로 보도를 만들고 의자를 배치하여 연못을 감상하며 쉴 수 있는 공간이다.
04, 05_ 격자 모양의 데크 위에 간결하면서도 실용적인 ㄷ자형의 의자를 설치하였다. 의자의 폭은 38cm, 높이는 44cm이다.
06_ 트인 틀을 지붕처럼 올린 파고라(pergola)는 그늘을 만들고 덩굴식물도 키울 수 있는 구조이다.
07, 08_ 목재시설물은 목재에 국한되지 않고 하나의 친환경적인 요소로 끌어들임으로써 조경의 완성도를 높이고 있다.

09_ 곡선의 낮은 단으로 계단을 만들어 모양을 내고 대지의 높이차를 조정하였다.
10_ 데크는 다이아몬드 모양을 이루는 쪽매세공(조각나무) 패턴이다.

11_ 지름이 4.2m인 팔각지붕 정자에 독특하게 2층 지붕을 올려 개성있게 표현하였다.
12_ 팔각정자 입구에 부드러운 느낌의 낮은 타원형 데크를 설치하였다.
13_ 정자와 난간, 계단, 의자 등 목재 시설물과 데크가 식물과 어우러진 자연 친화적인 공간이다.
14_ 데크를 가로형, 세로형, 다이아몬드형 등 다양한 패턴으로 디자인 하였다.
15_ 자란 그대로의 바늘잎참나무(대왕참나무) 밑에 데크를 깔고 난간을 두른 원형 벤치를 설치하였다.
16_ CB-HDO 방부 처리한 우드블록은 산림청 산하 국립과학원 내 전문가들의 까다로운 시험 및 검사를 거쳐 우수제품으로 적합판정을 받은 제품이다. CB-HDO 방부제는 구리·붕소 사이크론헥실다이아제니움 데옥시 음이온 화합물계 목재방부로 미국, 유럽, 호주 등 20여 개국이 등록하여 사용하고 있다.

17_ 녹지조성, 생태연못, 옥상공원 등의 사업수요가 증가하고 있어 연구 실험용으로 재배하고 있는 곳이다.
18, 19_ 바닥재는 우드블록을 깔아 땡볕의 열기를 흡수한다.
바위솔, 패랭이 등 햇볕과 건조에 강한 낮은 식물들을 한반도 모양으로 심어 꾸몄다.

20, 22_ 우드블록 길 옆으로 암석원이 있고 키 낮은 세덤류가 자라고 있다.
21, 23_ 자연 친화적인 방부목을 깔아 걷기에 편한 탐방로다.
24_ 길이 150㎝, 폭 24㎝, 두께 7㎝의 침목 판재도 탐방로의 일부 소재로 사용하였다.

애수교는 물(水)과 나무(木)를 사랑하고 아낀다는 의미뿐만 아니라,
자연과 환경, 호수 사랑의 정신을 기리 남긴다는 뜻도 함축하고 있다.

### 일산호수공원 애수교(愛水橋)
# 물 위에 떠 있는 목교와 데크

**위치**_ 경기도 고양시 일산동구 장항동
**전체면적**_ 107,850㎡(32,624.63py)
**데크면적**_ 358㎡(108.3py)
**데크시공**_ (유)호성토건, ㈜삼경조경건설
**데크설계**_ ㈜대유건축사사무소

호수공원은 전체면적 1,033,427㎡(약 313,000평) 중 호수면적만 300,000㎡(약 91,000평)의 규모로 일산신도시 택지개발사업과 연계하여 조성된 근린공원이다. 이곳에 '물과 나무를 사랑하고 아낀다.'는 뜻의 애수교는 호수공원 내 유일한 목교로 자유로 장항IC에서 일산 진입로의 호수교 하단부에 있다. 인간과 자연의 조화를 상징하는 호수공원의 호수와 산책로를 이어주는 다리 애수교는 물(水)과 나무(木)를 사랑하고 아낀다는 의미뿐만 아니라, 나무다리와 호수에서 얻는 자연과 환경, 호수 사랑의 정신을 기리 남긴다는 뜻도 함축하고 있다. 애수교(愛水橋)는 길이 55m, 폭 3m, 난간 높이 2.2m 규모의 Y자 형태를 이루는 다리로, 콘크리트기초 위에 방부용 소나무 목재를 사용하여 반타원형으로 세워졌다. 다리 가운데 양쪽으로는 단을 낮춰 각각 42㎡(약 12.6평)의 넓은 데크가 설치되어 있어 가까이서 호수를 접하며 쉴 수 있는 감성적인 공간이 조성되어 있다. 애수교는 공원 지형과 환상적인 조화를 이루며 호수공원을 찾는 많은 시민의 사랑을 듬뿍 받고 있는 장소이다.

01_ 일산호수공원 내 유일한 목교로 장항IC에서 일산 진입로의 호수교 하단부에 있다.
02_ 호수에 비쳐 상하로 대칭을 이룬 애수교의 숨어있는 멋진 풍경이다.

03_ 다리 중앙에 단을 낮춰 가까이에서 호수를 접할 수 있는 42㎡(약 12.6평)의 넓은 데크가 양쪽에 설치되어 있다.
04, 05_ 시원스럽게 펼쳐져 있는 애수교 조감도.

06_ 호수교에서 바라다본 길이 55m, 폭 3m 규모로 '물과 나무를 사랑하고 아낀다.'는 뜻의 애수교(愛水橋)의 시원스런 전경.
07, 08_ 남쪽 진입로 다리의 형태는 Y자형을 이룬다.

09_ 철근콘크리트 아치형 호수교와 목조 애수교가 대조를 보인다.
10_ 애수교는 콘크리트기초 위에 방부용 소나무 목재를 사용해 반타원형으로 세워졌다.
11_ 데크 바닥의 울렁거림을 방지하기 위해서 장선의 간격은 16인치(407mm)를 넘으면 안 된다.
12_ 이단으로 처리된 데크의 측면.

13_ 데크는 2~3년이 지나면 햇빛의 자외선에 의해 어두운색으로 변하기 때문에 사전에 오일스테인을 발라주는 것이 좋다.

14_ 가로 60cm, 세로 60cm의 콘크리트 기초 위로 8치(24cm) 사각기둥을 세웠다.

15_ 목교 중앙의 데크 하중을 고려해 장방향의 네모서리에 가로 240cm, 세로 100cm의 콘크리트 위에 기둥을 세우고 장선으로 보강하였다.

16_ 계단구조를 철제로 보강하였다.

17_ 시공되는 데크의 높이는 최소 90㎝ 이상이어야 하고 난간 사이의 간격은 안전상 10㎝를 초과해서는 안되는 것이 원칙이다.
18_ 호수교 교각 사이에서 바라다본 애수교의 모습.
19_ 단을 낮춘 좌·우측의 데크를 연결하는 보조계단 다리가 가로 170cm, 폭 100cm로 양쪽에 각각 2개씩 설치되어 있다.
20_ 일주문을 연상케 하는 구조물로 문안에 문이 보이는 중첩을 이룬다.

호수공원의 북서쪽에는 동식물의 환경생태를 관찰할 수 있는 28,100㎡(약 8,500평)의 자연학습원이 있다.

### 일산호수공원 생태공원
# 수련과 연꽃 사이에 놓인 목조 전망대와 데크

**위치**_경기도 고양시 일산동구 장항동
**전체면적**_28,100㎡(8,500py)
**데크면적**_426.25㎡(129py)
**데크설계·시공**_한국토지주택공사

국내 최대의 인공공원으로 도시 속에 자연 생태계를 재현하여 도시인이 쉽게 접할 수 있게 하고, 한강 잠실수중보 상류에서 호수로 물을 끌어들여 다양한 수변 경관과 쾌적한 도시환경을 조성하여 휴식과 놀이공간을 제공하고 있다. 호수공원의 북서쪽에 조성한 28,100㎡(약 8,500평)의 자연학습원에는 물가에서 자라는 정수식물, 물 위에 떠 있는 부엽식물, 물속에 사는 침수식물, 물 위에 떠서 사는 부유식물 등 다양한 수생식물들이 가득하다. 동식물의 환경 생태를 관찰하기에 좋은 장소로 수면에 바짝 붙여 설치한 데크는 찾는 이들에게 편안한 학습공간이자 산책로이다. 데크는 넓은 면적에 낮게 이어지는 수면을 고려하여 기본적으로 가로 140㎝, 세로 70㎝의 장방형 콘크리트기초 위에 I형강을 얹고, 가로 2m 상판을 4×6(90×144mm)로 대어 모두 12곳에 200m의 목교를 설치해 작은 인공 섬을 잇는 탐방로를 이룬다. 물가, 물위, 물속 등 물과 흙이 있는 곳을 터전으로 작은 싹을 틔우고 진흙 속을 헤집고 피어난 수생식물들은 호수공원을 찾는 이들의 마음을 매료시키며 늘 아름다움과 청량감을 선사하는 호수공원의 보물이다.

01_ 국내 최대의 인공공원을 만들어 도시인이 쉽게 접할 수 없었던 도시 속에 자연생태계를 재현하였다.
02_ 호수공원은 인공으로 만들어진 자연을 사람들의 끊임없는 노력과 애정으로 더욱 아름답게 가꾸어가는 새로운 환경으로의 진행형이다.

03_ 습지와 물에 사는 식물들을 관찰할 수 있게 데크 탐방로를 만들어 산책하며 자연학습도 할 수 있는 교육의 장이다.
04_ 노랑 빛을 띤 흰꽃이 피는 흰말채나무는 나무껍질이 홍자색으로 겨울 눈 속에서도 눈에 띄어 조경수로 많이 쓴다.
05_ 수면에 바짝 붙어 설치한 데크는 찾는 이에게 편안한 학습공간을 제공한다.
06_ 데크 주위는 연꽃과 수련, 부들, 갈대 등 수생식물들이 가득해 꽃과 함께 휴식을 취할 수 있는 감성적인 공간이다.

07_ 진흙 속을 헤치고 나온 연꽃이 밝게 활짝 피었다.
08_ 산과 들의 양지바른 곳에서 잘 자라는 인동덩굴이 물가에도 피어났다.
09_ 물가, 물위, 물속 등 물과 흙이 있는 곳에서 자라는 수생식물들이 보는 이들에게 즐거움을 선사한다.
10_ 수심이 0.5~3m 정도로 간결하게 평난간을 두른 아일랜드형 데크는 생태연못에 없어서는 안될 멋진 전망대다.

11_ 수련은 흙탕물 속에서 진흙에 뿌리를 내리고 자라지만, 물 위로는 청량한 잎과 해맑은 꽃을 피워 보는 이에게 감동을 전한다.
12_ 콘크리트기초 위에 I형강을 얹고 가로 2m 상판을 4×6 (90×144mm)로 대어 인공섬을 데크로 이었다.
13_ 아일랜드형 데크로 접근하는 진입로의 모습이다.
14_ 작은 인공섬을 이어가며 12곳에 200m의 데크 탐방로를 만들었다.

15_ 인위적인 느낌을 최소화하고 친환경적인 공원을 꾸며 도심 속에서 자연을 즐기며 휴식을 취하기에 더 없이 좋은 공간이다.
16_ 데크가 겹치는 인공섬에 자연스러운 휴식공간을 마련하였다.
17_ 데크를 십(十)자형으로 돌출시켜 변화를 주고 조망공간으로 활용하고 있다.

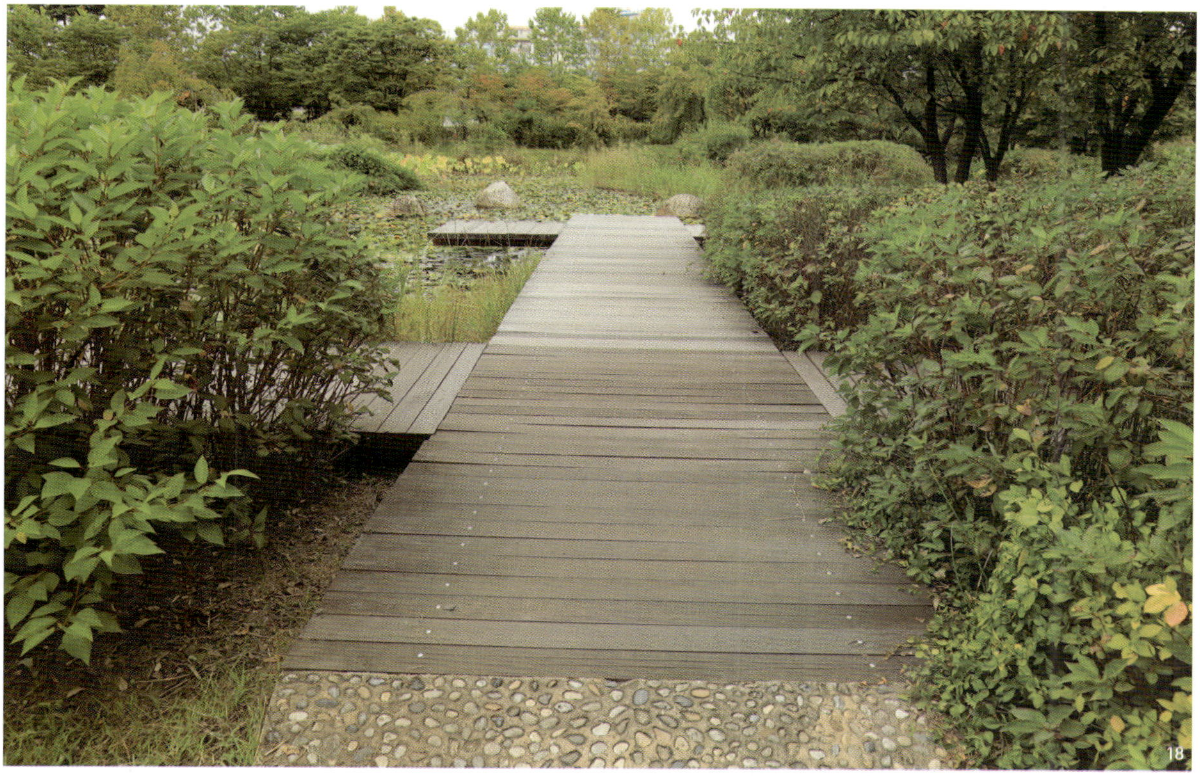

18_ 데크 주위로 크고 작은 나무를 심어 아늑한 분위기에서 수공간을 감상할 수 있는 공간이다.
19_ 가로 140cm, 세로 70cm 장방형의 콘크리트기초를 하고 그 위에 I형강을 얹고 상판을 설치하였다.
20_ 진입로에 아치형 데크를 설치하였다.
21_ 한적한 곳에 평상을 놓아 휴식공간으로 활용한다.

물을 주제로 한 공원에 환경물놀이터를 조성하였다.

### 선유도 환경물놀이터
# "물(水)공원"의 환경물놀이터

**위치**_서울시 영등포구 선유로 343
**전체면적**_110,407㎡(33,398.12py)
**조경면적**_1,635㎡(494.59py)
**조경설계**_조경설계 서안㈜
**조경시공**_㈜유성건설

도시공간의 자연회복에 대한 밝은 희망과 상징성을 담고 있는 선유도공원은 하천에서 퇴적되어 만들어진 하중도(河中島)로 일찍이 선유봉이라 불리던 한강의 아름다운 경치를 이루는 명소 중의 하나였다. 선유도의 암석을 채취하여 한강의 제방을 쌓고 선유정수장이 들어서면서 아름다운 옛 모습을 잃었으나, 정수장을 통합·이전하고 2000년 선유도 정수장이 폐쇄된 뒤 물을 주제로 한 공원을 만들기로 하고 산업화의 증거물인 정수장 건축 시설물을 재활용하여 조성한 곳이다. 수질정화원의 수생식물을 이용하여 정화된 맑은 물을 체험하고 즐길 수 있는 환경물놀이터는 어린이들이 안전하게 물놀이를 즐길 수 있는 공간으로 여름철에는 이곳에 와 물놀이를 즐기며 노는 아이들이 많다. 환경물놀이터는 90×90×90mm 내외의 비정형화된 회백색 화강암 굴림 사고석(사구석, 사괴석)를 이용하여 모자이크 처리한 개울을 만들고 곳곳에 큰 자연석을 놓아 조형미를 살렸다. 개울에는 목교와 징검다리가 설치되어 있고 주변에 모래밭을 조성하고 평상을 놓아 여름에 시원하게 쉴 수 있는 공간이다. 휴식과 함께 자연환경의 중요성을 느끼고 배울 수 있는 환경교육의 장으로도 활용하고 있는 곳이다.

01_ 한강의 생태복원을 목표로 하는 이곳은 휴식과 함께 자연환경의 중요성을 느끼고 배울 수 있는 환경교육의 장으로 활용하고 있다.
02_ 나무 그늘 밑에 나무로 만든 평상과 긴 의자를 놓아 휴식공간을 만들었다.

03_ 화강암 사고석를 이용하여 모자이크 처리한 개울을 만들고 곳곳에 큰 자연석을 놓아 조형미를 살렸다.
04_ 난간기둥과 기둥 사이를 X자 모양으로 엮은 난간이다.
05_ 단순한 평난간의 형태를 띠고 있지만 짜임새가 있는 구조이다.

06_ 나무, 물, 돌과 모래가 어우러져 평화로운 분위기가 느껴지는 곳이다.
07_ 수심이 얕아 어린이들이 안전하게 물놀이를 할 수 있다.
08_ 개울에서 바라본 모습으로 다리 밑으로 난간이 없는 또 하나의 목교가 있다.
09_ 목교를 지나면 녹음이 우거진 나무숲으로 이어진다.

10_ 목교 양쪽에 세운 법수(法首)는 난간기둥과 같은 굵기의 기둥으로 세워졌다.

11_ 일자로 이어진 데크 좌우로 개울과 모래밭을 만들어 즐길 거리를 제공한다.

12_ 수질정화원의 수생식물을 이용하여 정화된 맑은 물을 체험하고 즐길 수 있다.

**13_** 개울 옆으로 곳곳에 낮은 평상을 놓아 쉴 공간을 제공한다
**14_** 그늘 밑에도 긴 벤치가 놓여 있다.
**15, 16_** 90×90×90mm 내외의 비정형화된 회백색 화강암 굴림 사고석을 이용하여 모자이크 처리한 개울을 만들었다.

17_ 검은 대리석을 디딤돌 삼아 징검다리를 놓았다.
18_ 크고 작은 가공석과 자연석이 어우러져 조화를 이룬다.
19_ 여름철에는 가족단위로 놀러와 아이들과 함께 물놀이를
    즐기는 사람들이 많은 곳이다.

선유교 위에서 바라다본 선유교전망대의 모습이다.

### 선유도공원 전망대

# 한강의 풍광이 펼쳐진 데크

**위치**_서울시 영등포구 선유로 343
**전체면적**_110,407㎡(33,398.12py)
**데크면적**_2,625㎡(794.06py)
**조경설계**_조경설계 서안㈜
**조경시공**_㈜유성건설

과거 한강 변의 아름다운 경승지로 이름난 선유봉에는 시인 묵객들의 풍류와 정취가 어려 있었고, 맑고 푸른 강가에 우뚝 솟은 이제는 볼 수 없는 그 수려한 봉우리의 모습은 지금까지 겸재 정선의 화첩으로 전해 내려와 당시의 풍광을 상상하는 우리를 안타깝게 한다. 하지만, 이제 과거에서 벗어나 더는 파괴가 아닌 조화와 상생으로서의 새로운 미래에 대한 희망을 느낄 수 있는 선유도공원이 탄생하였다. 양화지구와 연결된 선유교는 보행자 전용다리로 바닥을 나무로 만들어 일반 콘크리트 다리와는 달리 걷는 느낌이 편하다. 이 다리에서 월드컵분수 및 월드컵공원 등 아름다운 한강을 조망할 수 있으며, 특히 밤에는 형형색색의 야간조명이 장관을 이루어 한강의 새로운 명소로 떠오르고 있다. 필로티로 띄워 한강 주변을 한눈에 조망할 수 있는 선유도전망대에 들어서면 가로 109m, 세로 14m의 넓고 긴 데크가 펼쳐져 있다. 데크 중심부에는 우산 모양의 사각형 파고라와 벤치를 설치해 도시에 사는 사람들이 한강의 자연경관을 마음껏 조망하며 여유로운 휴식과 낭만을 즐길 수 있는 곳이다. 이렇듯 데크의 그 쓰임새는 폭이 넓어져 단독주택이나 근린생활시설뿐만 아니라 상업시설, 공공시설까지 그 설치범위는 갈수록 확대되고 있다.

01_ 주변을 조망할 수 있는 가로 109m, 세로 14m의 넓고 긴 데크가 펼쳐져 있다.
02_ 미루나무가 자라는 자연생태 그대로를 보존하기 위해 데크를 둘러 설치하였다.

**03, 05_** 선유교 바닥을 나무데크로 만들어 일반 콘크리트 다리와 달리 걷는 느낌이 부드럽고 편하다. 이단으로 처리한 바닥 가운데 통로는 폭이 3.1m, 양쪽은 1.45m로 전체 6m의 폭이다.

**04_** 한강의 자연경관을 마음껏 조망할 수 있고 여유로운 휴식과 낭만을 즐길 수 있는 시원스런 공간이다.

06_ 야간조명이 데크 위로 은은한 분위기를 자아낸다.
07_ 바구니 짜기 모양으로 가로·세로 직각의 격자무늬를 이루는 직조형 패턴이다.
08_ 성산대교와 월드컵 분수, 월드컵공원 등이 한눈에 펼쳐진 전망 좋은 곳이다.

09_ 간접조명이 있는 선유교는 주변의 야경과 함께 어울려 이국적인 분위기를 자아낸다.
10_ 숲과 밝은 조명이 있어 야간에도 시민들이 자주 찾는 문화공간으로 자리 잡았다.
11_ 곧게 자란 나무와 길게 뻗은 데크가 한 데 어울린 아름다운 선유교의 야경이다.

12

13

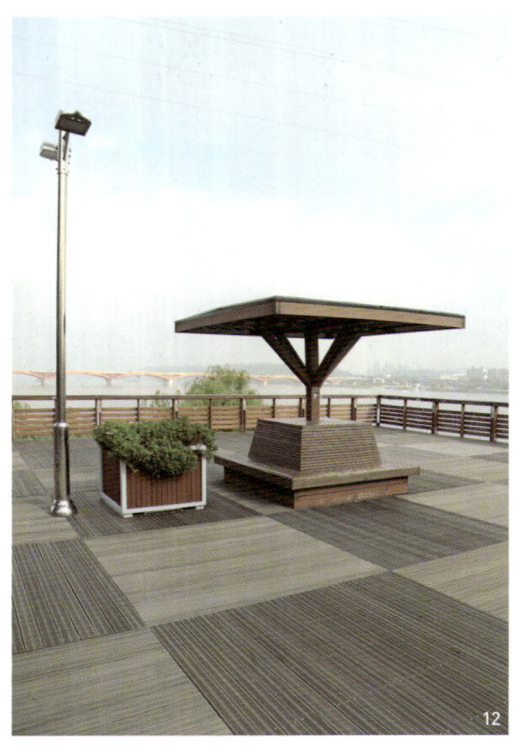

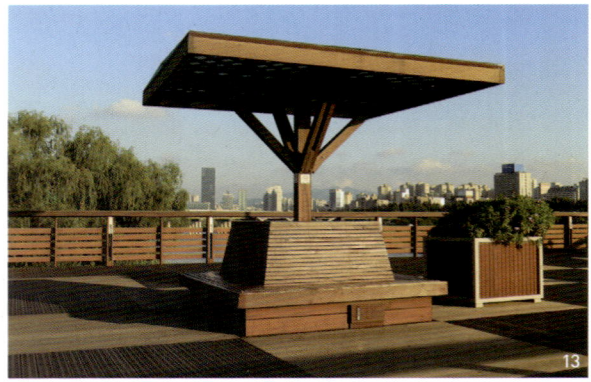

12, 13_ 우산 모양의 사각형 파고라에 벤치를 설치해 놓은 휴식공간이다.
14_ 길게 뻗은 선유교는 양화지구와 연결되는 보행자 전용다리이다.

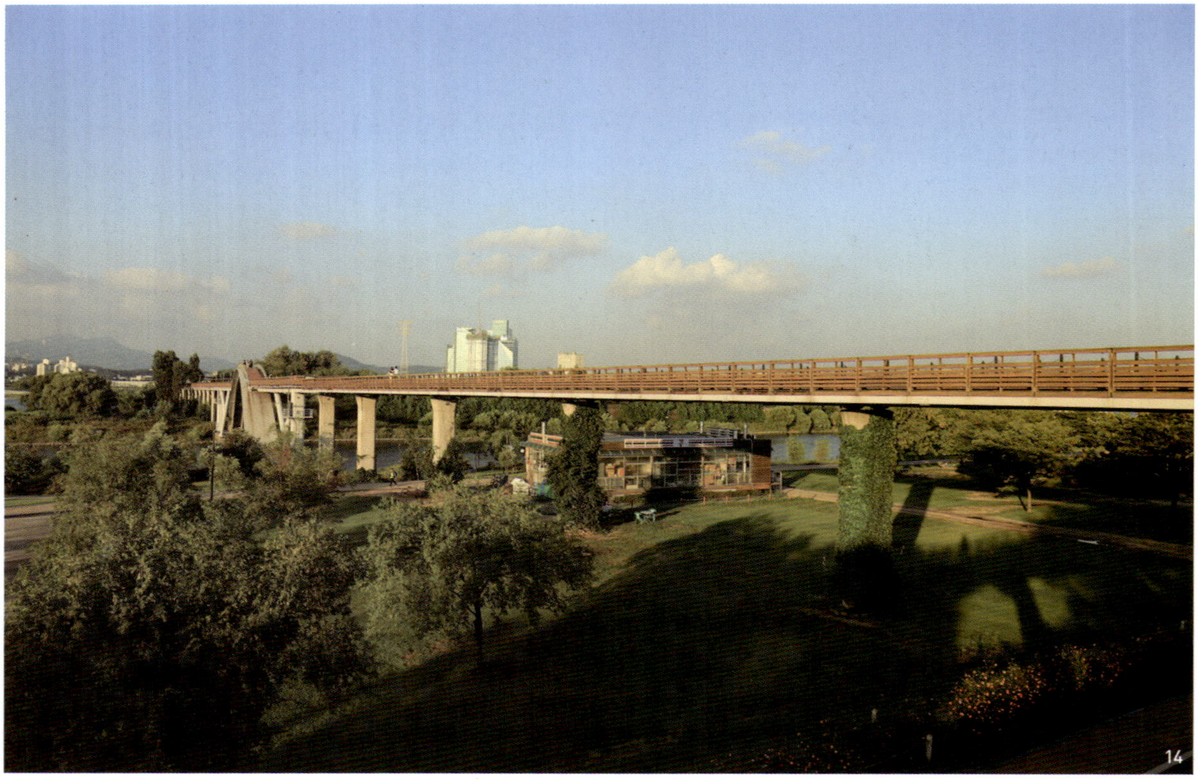

14

15_ 전망대 데크 만큼이나 넓은 가로 18m, 세로 9m의 계단을 설치하였다.
16_ 양화대교에서 바라다본 아치형 선유교의 모습이다.
17_ 콘크리트기둥을 이용하여 필로티로 띄워 선유교전망대를 만들었다.
18_ 난간대의 높이는 110cm로 난간과 난간대를 튼실하게 구성하였다.
19_ 둔치에서 바라다본 선유교의 철제교량 밑 부분의 모습이다.
20_ 특수 제작된 철물 커넥터(Connector)로 난간기둥을 고정하였다.

평화의공원 연못 주변을 따라 둥근 형태로 조성된 28,750㎡(8,700py) 규모의 유니세프 광장이다.

**평화의 공원**

# 자연환경과 인공구조물, 데크의 조화

**위치**_서울시 마포구 성산동 1563번지
**전체면적**_287,385㎡(86,934py)
**데크면적**_3,140㎡(950py)
**데크설계·시공**_(주)동의종합조경

월드컵공원은 산업화, 도시화의 부작용인 환경오염과 자연 파괴의 상징인 난지도 쓰레기매립장을 생태적으로 건강하게 복원하는 것이 향후 도시정책에 중요한 의미가 있다고 판단하여 만들어진 공원이다. 월드컵공원 내에 만들어진 '평화의 공원'은 자연과 인간문화의 공존, 환경보전과 이용의 공생적 관계 구축, 그리고 자연환경과 인공구조물의 조화를 추구하고 있다. 평화의공원 연못 주변을 따라 둥근 형태로 조성된 28,750㎡(8,700py) 규모의 유니세프 광장, 월드컵공원 전시관의 인공적인 공간과 24,500㎡(7,413py) 규모의 난지호수를 비롯해 평화의 정원, 희망의 숲 등 친환경적인 공간으로 조성하였다. 유니세프 광장 건너편 난지호수 주변에는 인공적인 느낌보다는 땅의 지형과 나무들을 그대로 살려 더 정감이 가는 시골스러운 느낌의 공원이다. 구불구불 넓게 형성된 생태 습지 부근에는 대형 버드나무 등 기존 생태를 살려 학습관찰이 이루어질 수 있도록 여러 갈래의 산책로와 목재다리, 데크를 설치해 놓았다. 한강 물을 끌어와 만든 난지 연못은 아이들이 발을 담그고 놀 수 있도록 꾸며져 있고, 멋들어진 여울목으로 장식된 실개천은 시골의 정취를 고스란히 담고 있다. 수질 정화능력이 뛰어난 부들, 연꽃, 수련, 속새, 꽃창포 등이 자라고 있는 연못은 나가는 물을 난지천(2.5㎞)으로 흘려보내 난지천공원의 맑은 물을 유지하는 데에 활용하고 있다.

01_ 학습관찰이 이루어질 수 있도록 여러 갈래의 산책로와 목재다리를 설치하였다.
02_ 호수경관을 조망하며 여유로운 휴식과 낭만을 즐길 수 있는 공간이다.

03_ 대형 버드나무 등 기존 환경을 살려 생태학습공간을 조성하였다.
04_ 유니세프 광장 건너편 난지호수 주변에는 데크와 호수가 어우러져 자연과 인공이 조화를 이룬다.
05_ 폭 6m, 길이 386m의 데크와 둥근 광장의 데크를 합하여 전체 2,862㎡(866py)의 규모이다.
06_ 가로 20m, 세로 6m 크기의 데크를 깔아 공용공간으로 활용하고 있다.

07_ 폭 150cm의 목재다리를 12.5m 길이로 순환하여 278㎡(84py)를 연결하였다.
08_ 공공시설인 점을 고려하여 다리 기둥을 6×6(144×144mm)로 쓰면서 난간기둥(96×96mm), 난간대(146×58mm), 난간(44×44mm) 등의 자재는 일반 시설물보다 강화하였다.
09_ 목재다리를 십자(十)형으로 교차하면서 산책로를 이어 만들고 막힌 부분은 휴식공간과 전망대로 활용하고 있다.

10_ 난지호수 주변에는 인공적인 느낌보다는 시골스러움이 있어 정감이 가는 공원이다.
11_ 구불구불하고 넓게 형성된 생태 습지 부근에 데크를 설치하였다.
12_ 데크 너머 24,500㎡(7,413py) 규모의 난지호수가 있고 건너편에 유니세프 광장이 있다.
13_ 생태 습지와 조화를 이룬 상암동 월드컵경기장. 자연환경과 인공구조물이 조화를 이룬다.

Part 4 | 상업공간·공공시설 데크 사례　309

14_ 연못에는 수질 정화능력이 뛰어난 부들, 연꽃, 수련, 속새, 꽃창포 등이 자라고 있다.
15_ 미로 같은 목재다리가 걷는 재미를 더한다.
16_ 돌출된 목재다리 상세. 세로살 난간으로 튼실하게 만들었다.

17_ 땅의 지형과 나무들을 그대로 유지하고 데크를 설치하였다.
18_ 디자인을 고려한 생태 습지 주변의 데크이다.
19_ 난간 위로 수평 틀을 대고 그 위에 난간대를 설치하여 난간의 상부를 형성하였다.
20_ 생태 습지의 목재다리와 데크는 자연과 인간문화의 공존, 환경보전과 이용의 공생관계를 함축한다.
21_ 데크와 난간을 시공하려면 주변의 지형, 조망과 통풍 등 모든 조건을 고려하여 세심하게 설계에 반영해야 한다.